"十一五"国家重点图书出版规划

环 境 经 济 核 算 丛 书

中国环境经济核算研究报告 2007—2008

Chinese Environmental and Economic Accounting Report 2007—2008

於 方 马国霞 齐 霁 王金南 等著

中国环境科学出版社·北京

图书在版编目（CIP）数据

中国环境经济核算研究报告. 2007—2008/於方等著.
—北京：中国环境科学出版社，2012.12
（环境经济核算丛书）
ISBN 978-7-5111-1054-1

Ⅰ. ①中…　Ⅱ. ①於…　Ⅲ. ①环境经济—经济核算—
研究报告—中国—2007—2008　Ⅳ. ①X196

中国版本图书馆 CIP 数据核字（2012）第 143800 号

策　　划	陈金华
责任编辑	陈金华
责任校对	唐丽虹
封面设计	玄石至上

出版发行　中国环境科学出版社
　　　　　（100062　北京市东城区广渠门内大街 16 号）
　　　　　网　　址：http://www.cesp.com.cn
　　　　　电子邮箱：bjgl@cesp.com.cn
　　　　　联系电话：010-67112765（编辑管理部）
　　　　　发行热线：010-67125803，010-67113405（传真）
　　　　　印装质量热线：010-67113404
印　　刷　北京东海印刷有限公司
经　　销　各地新华书店
版　　次　2012 年 12 月第 1 版
印　　次　2012 年 12 月第 1 次印刷
开　　本　787×960　1/16
印　　张　9.75
字　　数　125 千字
定　　价　35.00 元

以科学和宽容的态度对待"绿色 GDP"核算

(代总序)

自 1978 年中国改革开放 35 年来，中国的 GDP 以平均每年 9.8%的高速度增长，中国创造了现代世界经济发展的奇迹。但是，西方近200 年工业化产生的环境问题也在中国近 20 年期间集中爆发了出来，环境污染正在损耗中国经济社会赖以发展的环境资源家底，社会经济的可持续发展面临着前所未有的压力。严峻的生态环境形势给我们敲起了警钟：模仿西方工业化的模式，靠拼资源、牺牲环境发展经济的老路是走不通的。在这种形势下，中国政府高屋建瓴、审时度势，提出了坚持以人为本、全面、协调、可持续的科学发展观，以科学发展观统领社会经济发展，走可持续发展道路。

(一)

实施科学发展亟待解决一个关键问题是，如何从科学发展观的角度，对人类社会经济发展的历史轨迹、经济增长的本质及其质量做出科学的评价？国内生产总值（GDP）作为国民经济核算体系（SNA）中最重要的总量指标，被世界各国普遍采用以衡量国家或地区经济发展总体水平，然而传统的国民经济核算体系，特别是作为主要指标的GDP 已经不能如实、全面地反映人类社会经济活动对自然资源的消耗和生态环境的恶化状况，这样必然会导致经济发展陷入高耗能、高污染、高浪费的粗放型发展误区，从而对人类社会的可持续发展产生负面影响。为此，1970 年代以来，一些国外学者开始研究修改传统的国民经济核算体系，提出了绿色 GDP 核算、绿色国民经济核算、综合环境经济核算。一些国家和政府组织逐步开展了绿色 GDP 账户体系的研究和试算工作，并取得了一定的进展。在这期间，中国学者也作了一些开拓性的基础性研究。

中国在政府层面上开展绿色 GDP 核算有其强烈的政治需求。这也是中国独特的社会政治制度、干部考核制度和经济发展模式所决定的。时任胡锦涛总书记在 2004 年中央人口资源环境工作座谈会上就指出："要研究绿色国民经济核算方法，探索将发展过程中的资源消耗、环境损失和环境效益纳入经济发展水平的评价体系，建立和维护人与自然相对平衡的关系"。2005 年，国务院《关于落实科学发展观加强环境保护的决定》中也强调指出："要加快推进绿色国民经济核算体系的研究，建立科学评价发展与环境保护成果的机制，完善经济发展评价体系，将环境保护纳入地方政府和领导干部考核的重要内容"。2007 年，胡锦涛总书记在党的十七大报告中指出，我国社会经济发展中面临的突出问题就是"经济增长的资源环境代价过大"。2012 年，胡锦涛总书记在党的十八大报告中又指出，要"把资源消耗、环境损害、生态效益纳入经济社会发展评价体系，建立体现生态文明要求的目标体系、考核办法、奖惩机制"。所有这些都说明了开展和继续探索绿色 GDP 核算的现实需求，要求有关部门和研究机构从区域和行业出发，从定量货币化的角度去核算发展的资源环境代价，告诉政府和老百姓"过大"资源环境代价究竟有多大。

在这样一个历史背景下，原国家环保总局和国家统计局于 2004 年联合开展了《综合环境与经济核算（绿色 GDP）研究》项目。由环境保护部环境规划院、中国人民大学、环境保护部环境与经济政策研究中心、中国环境监测总站、清华大学等单位组成的研究队伍承担了这一研究项目。2004 年 6 月 24 日，原国家环保总局和国家统计局在杭州联合召开了《建立中国绿色国民经济核算体系》国际研讨会，国内外近 200 位官员和专家参加了研讨会，这是中国绿色 GDP 核算研究的一个重要里程碑。2005 年，原国家环保总局和国家统计局启动并开展了 10 个省市区的绿色 GDP 核算研究试点和环境污染损失的调查。此后，绿色 GDP 成了当时中国媒体一个脍炙人口的新词和热点议题。如果你用谷歌和百度引擎搜索"Green GDP"和"绿色 GDP"，就可以迅速分别找到 106 万篇和 207 万篇相关网页。这些数字足以证明社会各界对绿色 GDP 的关注和期望。

（二）

2006 年 9 月 7 日，原国家环保总局和国家统计局两个部门首次发布了中国第一份《中国绿色国民经济核算研究报告 2004》，这也是国际上第一个由政府部门发布的绿色 GDP 核算报告，标志着中国的绿色国民经济核算研究取得了阶段性和突破性的成果。2006 年 9 月 19 日，全国人大环境与资源委员会还专门听取了项目组关于绿色 GDP 核算成果的汇报。目前，以环境保护部环境规划院为代表的技术组已经完成了 2004－2010 年期间共七年的全国环境经济核算研究报告。在这期间，世界银行援助中国开展了"建立中国绿色国民经济核算体系"项目，加拿大和挪威等国家相继与国家统计局开展了中国资源环境经济核算合作项目。中国的许多学者、研究机构、高等学校也开展了相应的研究，新闻媒体也对绿色 GDP 倍加关注，出现了大量有关绿色 GDP 的研究论文和评论，成为了近几年的一个社会焦点和环境经济热点，但也有一些媒体对绿色 GDP 核算给予了过度的炒作和过高的期望。总体来看，在有关政府部门和研究机构的共同努力下，中国绿色国民经济核算研究取得了可喜的成果，同时，这项开创性的研究实践也得到了国际社会的高度评价。在第一份《中国绿色国民经济核算研究报告 2004》发布之际，国外主要报刊都对中国绿色 GDP 核算报告发布进行了报道。国际社会普遍认为，中国开展绿色 GDP 核算试点是最大发展中国家在这个领域进行的有益尝试，也表现了中国敢于承担环境责任的大国形象，敢于面对问题、解决问题的勇气和决心。

2004 年度中国绿色 GDP 核算研究报告的成功发布激起了国内外对中国绿色 GDP 项目的热烈喝彩，但后续 2005 年度研究报告的发布"流产"也受到了一些官员和专家的质疑。一些官员对绿色 GDP 避而不谈甚至"谈绿色变"，认为绿色 GDP 的说法很不科学，也没有国际标准和通用的方法。特别是 2007 年年初环境保护部门与统计部门的纷争似乎表明，中国绿色 GDP 核算项目已经"寿终正寝"。但是，现实的情况是绿色 GDP 核算研究没有"夭折"，国家统计局正在尝试建立中国资源环境核算体系，在短期，可以填补绿色核算的缺位，在长期，则可以为未来实施绿色核算奠定基础。

从概念的角度看，绿色 GDP 的确是媒体、社会的一种简化称呼。绿色 GDP 核算不等于绿色国民经济核算。绿色国民经济核算提供的政策信息要远多于绿色 GDP 本身包涵的信息。科学的、专业的说法应该称作"绿色国民经济核算"或者国际上所称的"综合环境与经济核算"。但我们对公众没有必要去苛求这种概念的差异，公众喜欢叫"绿色 GDP"没有什么不好。这就像老百姓一般都习惯叫 GDP 一样，而没有必要让老百姓去理解"国民经济核算体系"。在国际层面，联合国统计署分别于 1993 年、2000 年、2003 年和 2008 年分别发布了《综合环境与经济核算（简称 SEEA）》四个版本。2011 年，联合国统计署 (UNSD) 发布了最新的《综合环境与经济核算体系 (SEEA)》(讨论稿)，为建立绿色国民经济核算总量、自然资源和污染账户提供了基本框架；欧洲议会于 2011 年 6 月初通过了"《超越 GDP》"决议和《欧盟环境经济核算法规》，这标志着环境经济核算体系将成为未来欧盟成员国统一使用的统计与核算标准。这些指南专门讨论了绿色 GDP 的问题。因此，《环境经济核算丛书》(以下简称《丛书》) 也没有严格区分绿色 GDP 核算、绿色国民经济核算、资源环境经济核算的概念差异。

绿色 GDP 的定义不是唯一的。根据我们的理解，本《丛书》所指的绿色 GDP 核算或绿色国民经济核算是一种在现有国民核算体系基础上，扣除资源消耗和环境成本后的 GDP 核算这样一种新的核算体系，是一个逐步发展的框架。绿色 GDP 可以一定程度上反映一个国家或者是地区真实经济福利水平，也能比较全面地反映经济活动的资源和环境代价。我们的绿色 GDP 核算项目提出的中国绿色国民经济核算框架，包括资源经济核算、环境经济核算两大部分。资源经济核算包括矿物资源、水资源、森林资源、耕地资源、草地资源，等等。环境核算主要是环境污染和生态破坏成本核算。这两个部分在传统的 GDP 里扣除之后，就得到我们所称的绿色 GDP。很显然，我们目前所做的核算的仅仅是环境污染经济核算，而且是一个非常狭义的、附加很多条件的绿色 GDP 核算。从 2008 年我们开始探索生态破坏损失的核算，从 2010 年开始探索经济系统的物质流核算。即使这样，它在反映经济活动的资源和环境代价方面，仍然发挥着重要作用。很显然，这种狭义的绿色 GDP 是 GDP 的补充，是依附于现实中的 GDP 指标的。因此，如果有一天，全国都实现了绿色经济和可持续发展，地方政府政绩考核也不再使用 GDP，那么即使这种非常狭义的绿色 GDP 也都将失去其现实意义。那时，绿色 GDP 将是真正地"寿终正寝"，离开我们的 GDP 而去。

（三）

从科学的意义上讲，我们目前开展的绿色 GDP 核算研究最后得到的仅仅是一个"经部分环境污染和生态破坏调整后的 GDP"，是一个不全面的、有诸多限制条件的绿色 GDP，是一个仅考虑部分环境污染和生态破坏扣减的绿色 GDP，与完整的绿色 GDP 还有相当的距离。严格意义上，现有的绿色 GDP 核算只是提出了两个主要指标：一是经虚拟治理成本扣减的 GDP，或者是 GDP 的污染扣减指数；二是环境污染损失占 GDP 的比例。而且，我们第一步核算出来的环境污染损失还不完整，还未包括全部的生态破坏损失、地下水污染损失、土壤污染损失等内容。完全意义上的绿色 GDP 是一项全新的、涉及多部门的工作，既包括资源核算，又包括环境核算，只能由国家统计局组织有关资源和环保部门经过长期的努力才能得到，是一个理想的、长期的核算目标。因此，我们要用一种宽容的、发展的眼光去看待绿色 GDP 核算，也希望大家以宽容的态度对待我们的"绿色 GDP"概念。

由于环境统计数据的可得性、时间的限制、剂量反应关系的缺乏等原因，目前发布的狭义绿色 GDP 核算和环境污染经济核算还没有包括多项损失核算，如土壤和地下水污染损失、噪声和辐射等物理污染损失成本、污染造成的休闲娱乐损失、室内空气污染对人体健康造成的损失、臭氧对人体健康的影响损失、大气污染造成的林业损失，水污染对人体健康造成的损失技术方法有缺陷，基础数据也不支持等。这些缺项需要在下一步的研究工作中继续完善。这也是一种我们应该遵循的不断探索研究和不断进步完善的科学态度。但是，即使有这样多的损失缺项核算，已有的非常狭窄的绿色 GDP 核算结果已经展示给我们一个发人深省的环境代价图景。7 年的核算结果表明，我国经济发展造成的环境污染代价持续增长，环境污染治理和生态破坏压力日益增大，7 年间基于退化成本的环境污染代价从 5 118.2 亿元提高到 11 032.8 亿元，增长了 115%，年均增长 13.5%；虚拟治理成本从 2 874.4 亿元提高到 5 589.3 亿元，增长了 94.4%。尽管 2004－2010 年环境污染损失占 GDP 的比例大体在 3%左右，但环境污染经济损失绝对量依然在逐年上升，表明全国环境污染恶化的趋势没有得到根本控制。

作为新的核算体系来说，中国的绿色 GDP 核算体系建立还刚刚开始。除环境污染核算、森林资源核算和水资源核算取得一定成果外，其他部门核算研究还相对滞后，环境核算中的生态破坏核算也刚刚起步。但需要强调的是，这只是一个探索性的研究项目。既然是研究项目，本身就决定它是探索性的，没有必要非得等到国际上设立一个明确的标准，我们再来开展完整的绿色 GDP 核算。如果有了国际标准，我们就不需要研究了，而是实施操作的问题了。绿色 GDP 核算的启动实施，虽面临着许多技术、观念和制度方面的障碍，但没有这样的核算指标，我们就无法全面衡量我们的真实发展水平，我们就无法用科学的基础数据来支撑可持续发展的战略决策，我们就无法实现对整个社会的综合统筹与协调发展。因此，无论有多少困难和阻力，我们都应当继续研究探索，逐步建立起符合中国国情的绿色 GDP 核算体系。党的十八大报告明确指出，要把资源消耗、环境损害、生态效益纳入经济社会发展评价体系。这是推动绿色 GDP 核算的最新动力。

（四）

《中国绿色国民经济核算研究报告 2004》是迄今为止唯一一次以政府部门名义公开发布的绿色 GDP 核算研究报告。考虑到目前开展的核算研究与完整的绿色 GDP 核算还有相当的差距，为了科学客观和正确引导起见，从 2005 年开始我们把报告名称调整为《中国环境经济核算研究报告》。到目前为止，我们才陆续出版 2005—2009 年的《中国环境经济核算研究报告》。这一点也证明了，尽管在制度层面上建立绿色 GDP 核算是一个非常艰巨的任务，但从技术层面看，狭义的绿色 GDP 是可以核算的，至少从研究层面看是可以计算的。之所以至今才公布最新的研究报告，很大原因在于环境保护部门和统计部门在发布内容、发布方式乃至话语权方面都存在着较大分歧，同时也遇到一些地方的阻力。目前开展的绿色 GDP 核算中有两个重要概念，一个是"虚拟治理成本"，一个是"环境污染损失"。这两个概念与 SEEA 关于绿色 GDP 的核算思路是一致的。虚拟治理成本是指把排放到环境中的污染假设"全部"进行治理所需的成本，这些成本可以用产品市场价格给予货币化，可以作为中间消耗从 GDP 中扣减，因此我们称虚拟治理成本占 GDP 的百分点为 GDP 的污染扣减指数。这是统计部门和环保部门都能够接受的一个概念。而环境污染损失是指排放到环境中的所有污染造成环境质量下降所带来的人体健康、经济活动和生态质量等方面的损失，然后通过环境价值特定核算方法得到的货币化损失值，通常要比虚拟治理成本高。由于对环境损失核算方法的认识存在分歧，我们就没有在 GDP 中扣减污染损失，我们叫它为污染损失占 GDP 的比例。这是一种相对比较科学的、认真的做法，也是一种技术方法上的权衡。

中国绿色 GDP 核算研究报告发布的历程证明，在中国真正全面落实科学发展观并非易事。这样一个政府部门指导下的绿色 GDP 核算研究报告的发布都遇到了来自地方政府的阻力。2006 年第一次发布的绿色 GDP 核算研究报告中，并没有提供全国 31 个分省核算数据，而只是概括性地列出了东、中、西部的核算情况。这种做法对引导地方充分认识经济发展的资源环境代价起不到什么作用。但是，我们的绿色GDP核算是一种自下而上的核算，有各地区和各行业的核算结果。地方对公布全国31个省市区的研究核算结果比较敏感。2006年底，参加绿色GDP核算试点的10个省市的核算试点工作全部通过了两个部门的验收，但只有两个省市公布了绿色GDP核算的研究成果，个别试点省市还曾向原国家环保总局和统计局正式发函，要求不要公布分省的核算结果。地方政府的这种态度变化以及部门的意见分歧使得绿色GDP核算研究报告的发布最终陷入了僵局。目前，许多地方仍然唯GDP至上，在这种观念支配下，要在政府层面上继续开展绿色GDP核算，甚至建立绿色GDP考核指标体系，其阻力之大是可想而知的。

（五）

中国有自己的国情，现在开展的绿色GDP核算研究则恰恰是符合中国目前的国情的。尽管目前的绿色GDP核算研究，无论在核算框架、技术方法还是核算数据支持和制度安排方面，都存在这样和那样的众多问题，但是要特别强调的是这是新生事物，因此请大家要以包容的、宽容的、科学的态度去对待绿色GDP核算研究。尽管我们受到了一些压力，但我们依然在继续探索绿色GDP的核算，到目前为止也没有停止过研究。更让我们欣慰的是，这项研究得到了全社会关注的同时，也得到了社会的认可和肯定。绿色GDP核算研究小组获得了2006年绿色中国年度人物特别奖，"中国绿色国民经济核算体系研究"项目成果也获得了2008度国家环境科学技术二等奖。根据2010年可持续研究地球奖申报、提名和评审结果，可持续研究地球奖评审团授予中国环境规划院2010年全球可持续研究奖第二名，以表彰中国环境规划院在环境经济核算方面做出的杰出成就和贡献。近几年，一些省市（如四川、湖南、深圳等）也继续开展了绿色GDP和环境经济核算研究。特别是随着生态文明和美丽中国建设的提出，社会层面上许多官员和学者又继续呼唤建立绿色GDP核算体系。

开展绿色国民经济核算研究工作是一项得民心、顺民意、合潮流的系统工程。我们不能认为国际上没有核算标准，我们就裹足不前了。不能认为绿色GDP核算会影响地方政府的形象，我们就不公开绿色GDP核算的报告。我们应该鼓励大胆探索研究，让中国在建立绿色国民经济核算"国际标准"方面做出贡献。2007年7月，中国青年报社会调查中心与腾讯网新闻中心联合实施的一项公众调查表明：

96.4%的公众仍坚持认为"我国有必要进行绿色 GDP 核算", 85.2%的人表示自己所在地"牺牲环境换取 GDP 增长"的现象普遍, 79.6%的人认为"绿色 GDP 核算有助于扭转地方政府'唯 GDP'的政绩观"。调查对于"国际上还没有政府公布绿色 GDP 核算数据的先例, 中国也不宜公布"和"绿色 GDP 核算理论和方法都尚不成熟, 不宜对外发布"的说法, 分别仅有 4.4%和 6.7%的人表示认同。2008 年《小康》杂志开展的一项调查表明, 90%的公众认为为了制约地方政府用环境换取 GDP 的冲动, 应该公开发布绿色 GDP 核算报告。

但是, 无论从绿色 GDP 核算制度和体系角度看, 还是从核算方法和基础角度看, 近期把绿色 GDP 指标作为地方政府政绩考核指标都是不可能的, 而且以政府平台发布核算报告也具有一定的局限性。如果把绿色 GDP 核算交给地方政府部门核算, 与一些地方的虚假 GDP 核算一样, 也会出现虚假的绿色 GDP 核算。因此, 建议下一步的绿色 GDP 核算或环境经济核算研究报告以研究单位的研究报告方式出版发行, 这也能起到一定的补充作用, 也是一种比较稳妥、严谨客观、相对科学的做法。这样既可以排除地方政府部门的干扰, 保证研究核算结果的公平公正, 也能在一定程度上减轻地方政府部门的压力。经过一定时间的研究探索和全面的试点完善, 再把绿色 GDP 核算纳入地方政府的官员政绩考核体系中。大家知道, 现有的国民经济核算体系也是经过 20 多年摸索才建立起来的, GDP 核算结果也经常受到质疑, 仍处于不断的继续完善之中。同样, 绿色 GDP 核算体系的建立也需要一个很长的时间, 或许是 20 年甚至 30 年更长的时间。总之, 我们都要以科学的、宽容的态度去对待绿色 GDP 核算研究。

(六)

开展绿色 GDP 核算的意义和作用是一个具有争议性的话题。不管如何, 绿色 GDP 核算报告发布造成这么大的震动, 成为当年地方政府如此敏感的话题, 本身就证明绿色 GDP 核算是有用的。绿色 GDP 核算触及到了一些地方官员的痛处, 让他们有所顾忌他们的发展模式, 这样我们的目的实际上就达到了一半。有触痛说明绿色 GDP 核算研究就还有点用。绿色 GDP 意味着观念的深刻转变, 意味着科学发展观的一种衡量尺度。如果一旦能够真正实施绿色 GDP 考核, 人们心中的发展内涵与衡量标准就要随之改变, 同时由于扣除环境损失成本, 也会使一些地区的经济增长"业绩"大大下降。我们认为, 通过发布这样的年度绿色 GDP 核算报告，必定会激励各级领导干部在发展经济的同时顾及到环境问题、生态问题和资源问题。不论他们是主动顾忌，还是被动顾忌，只要有所顾忌就好。而且，我们相信随着研究工作的持续开展，他们的观念会从被动顾忌转向主动顾忌，从主动顾忌到主动选择，从而最终促进资源节约和环境友好型社会的发展。

全国以及 10 个省市的核算试点表明，开展绿色 GDP 核算和环境经济核算对于落实科学发展观、促进环境与经济的科学决策具有重要的意义，具体表现在：一是通过核算引导树立科学发展观。通过绿色 GDP 核算，促使地方政府充分认识经济增长的巨大环境代价，引导地方政府部门从追求短期利益向追求社会经济长远利益发展。根据环境保护部环境规划院 2007 年对全国近 100 个市长的调查，有 95.6%的官员认为建立绿色 GDP 核算体系能够促进地方政府落实科学发展观，有 67.6%的官员认为绿色 GDP 可以作为地方政府的绩效考核指标。二是通过核算展示污染经济全景，了解经济增长的资源环境代价。通过实物量核算展示环境污染全景图，让政府找出环境污染的"主要制造者"和污染排放的"重灾区"，对未来环境污染治理重点、污染物总量控制和重点污染源监测体系建设给予确认；通过环境污染价值量核算衡量各行业和地区的虚拟治理成本，明确各部门和地区的环境污染治理缺口和环保投资需求。三是为制定环境政策提供依据。通过各部门和地区的虚拟治理成本核算得到不同污染物的治理费用，通过各地区的污染损失核算揭示经济发展造成的环境污染代价，对于开展环境污染费用效益分析、建立环境与经济综合决策支持系统具有积极的现实意义。核算的衍生成果可以为环境税收、生态补偿、区域发展定位、产业结构调整、产业污染控制政策制定以及公众环境权益的维护等提供科学依据。

正因为如此，绿色 GDP 的研究核算工作才更有坚持的必要。任何重大改革创新，倘若遇有这样那样执行的困难，就放弃正确的大方向而改弦更张，甚至削足适履，那么，整个经济社会发展非但不能进步，相反还会因循守旧而倒退。因此，我们不能以一种功利的态度对待绿色 GDP 核算，不能对绿色 GDP 核算的应用操之过急，更不能简单地认为绿色 GDP 考核就等同于体现科学发展观的政绩考核制度。为了更加科学起见从 2008 年开始，环境经济核算课题组扩展了核算内容，把森林、草地、湿地和矿产开发等生态破坏损失的核算纳入环境经济核算体系，把环境主题下的狭义绿色 GDP 核算称为环境经济核算。2010

年开始，我们又探索社会经济系统的物质流核算，以测定直接物质投入的产出率。今年开始陆续出版年度《中国环境经济核算研究报告》。同时，国家发改委与环境保护部、国家林业局等部门，从 2009 年开始着手建立中国资源环境统计指标体系。我们也开始探索环境绩效管理和评估制度，运用多种手段来评价国家和地方的社会经济与环境发展的可持续性。

（七）

绿色 GDP 核算是一项繁杂的系统工程，涉及国土资源、水利、林业、环境、海洋、农业、卫生、建设、统计等多个部门，部门之间的协调合作机制亟待建立。多个部门共同开展工作，合作得好，可以发挥各部门的优势；合作不好，难免相互掣肘，工作就难以开展，甚至阻碍这项工作的开展。环境核算需要环保部门与统计部门的合作，森林资源核算需要林业部门与统计部门的合作，矿产资源核算则需国土资源部门与统计部门合作。

绿色 GDP 是具有探索性和创新性的难事，需要统计部门对资源环境核算体系框架的把关，建立相应的核算制度和统计体系。因此，在推进中国的绿色 GDP 核算以及资源环境经济核算领域，统计部门是责无旁贷的"总设计师"。统计部门应在资源、环境部门的支持下，在现有 GDP 核算的基础上设立卫星账户，勇敢地在传统 GDP 上做"减法"，核算出传统发展模式和经济增长的资源环境代价，用资源环境核算去展示和衡量科学发展观的落实度。我们欣喜地看到，尽管国家统计部门对绿色 GDP 核算有不同的看法，但没有放弃建立资源环境核算体系的目标，一直致力于建立中国的资源环境经济核算体系。特别是最近几年，国家统计局与国家林业局、水利部、国土资源部联合开展了森林资源核算、水资源核算、矿产资源核算等项目，取得了一些资源部门核算的阶段性成果。目前，水利部门和林业部门已经分别完成了水资源和森林资源核算研究，取得了很好的核算成果。

中国资源环境核算体系制定工作也在进展之中。正如现任国家统计局马建堂局长在一次《中国资源环境核算体系》专家咨询会议上指出的那样，国家统计局高度重视资源环境核算工作，认为建立资源环境核算是国家从以经济建设为中心转向科学发展的必然选择，统计部门要把资源环境核算作为统计部门学习实践科学发展观的切入点，把资源环境核算作为统计部门落实科学发展观的重要举措，把资源环境核算作为统计部门实践科学发展观的重要标尺，尽快出台《中国资源环境核算体系》和资源环境评价指标体系，逐步规范资源环境核算工作，把资源环境核算最终纳入地方党政领导科学发展的考核体系中。国家统计局马建堂局长还指出，建立资源环境核算体系是一项非常困难和艰巨的工作，是一项前无古人之事，是一项具有挑战性的工作，不能因为困难而不往前推，不能因为困难而不抓紧做，要边干边发现边试算，要试中搞、干中学。国家统计局正在牵头建立中国资源环境核算体系，根据"通行、开放"的原则，与联合国的 SEEA 接轨，与政府部门的需求和国家科学发展观的需求接轨。建议国家统计局责无旁贷地组织牵头开展这项工作，必要时在统计部门的机构设置方面做出调整，以适应全面落实科学发展观和建立资源环境核算体系的需要。

（八）

绿色 GDP 核算研究是一项复杂的系统政策工程。在取得目前已有成果的过程中，许多官员和专家做出了积极的贡献。通常的做法是，出版这样一套《丛书》要邀请那些对该项研究做出贡献的官员和专家组成一个丛书指导委员会和顾问委员会。限于观点分歧、责任分担、操作程序等限制原因，我们不得不放弃这样一种传统的做法。但是，我们依然十分感谢这些官员和专家的贡献。在这些官员中，前国家统计局李德水局长和国家统计局现任马建堂局长和许宪春副局长对推动绿色 GDP 核算研究做出了积极的贡献。环境保护部潘岳副部长是绿色 GDP 的倡议者，对传播绿色 GDP 理念和推动核算研究做出了独特的贡献。毫无疑问，没有这些政府部门的领导、指导和支持，中国的绿色 GDP 核算研究就不可能取得目前的进展。正是由于国家统计局的不懈努力，中国的资源环境核算研究才得以继续前进。在此，我们要特别感谢原国家环保总局王玉庆副局长，原国家环保局张坤民副局长，环境保护部周建副部长、翟青副部长、万本太总工程师、杨朝飞原总工、舒庆司长、赵英民司长、赵建中副巡视员、刘启风巡视员、陈斌巡视员、尤艳馨副司长、邹首民局长、刘炳江司长、李春红副厅长、罗毅司长、庄国泰司长、刘志全副司长、朱建平副司长、宋小智副司长、房志处长、贾金虎处长、孙荣庆副巡视员、陈默副处长，环境保护部环境规划院洪亚雄院长、吴舜泽副院长和陆军副院长，中国环境监测总站魏山峰原站长、环境保护部外经办王新处长和谢永明高工等做出的贡献。我们要特别感谢国家统计局对绿色国民经济核算研究的有力支持，感谢彭志龙司长、魏贵祥司长、李锁强副司长、吴优处长、王益煊处长、曹克瑜处长、李花菊处长等对绿色国民经济核算项目的指导和支持。我们要特别感谢国家发改委解振华副主任、朱之鑫原副主任、韩永文原司长等对绿色国民经济核算项目的指导和支持。我们要特别感谢全国人大环境与资源委员会前主任委员毛如柏、叶如棠副主任委员、张文台副主任委员、冯之俊副主任委员以及许建民、陈宜瑜、姜云宝、倪岳峰等委员对绿色 GDP 核算项目的支持和关注。我们要感谢科技、国土资源、林业和水利等部门负责资源核算的官员，特别是科学技术部毕建忠副司长、国土资源部唐正国副司长指导。这些部门的资源核算工作给予了我们绿色 GDP 核算研究小组很大的精神鼓励和技术咨询。

我要特别感谢绿色 GDP 核算的研究小组，其中包括中国人民大学高敏雪教授的团队、清华大学张天柱教授的团队、北京师范大学朱文泉副教授的团队、北京林业大学张颖教授和张克斌教授的团队、中国林业科学研究院吴波研究员和崔丽娟研究员的团队、中国地质环境监测院张德强高工的团队以及 10 个试点省市的研究人员。我们庆幸有这样一支跨部门、跨专业、跨思想的研究队伍，在前后近四年的时间开展了真实而富有效率的调查和研究。尽管我们有时相互也为核算技术问题争论得面红耳赤，但我们大家一起克服种种困难和压力，圆满完成了绿色 GDP 核算研究任务。我们要特别感谢参加绿色 GDP 核算试点研究的北京、天津、重庆、广东、浙江、安徽、四川、海南、辽宁、河北 10 个省市区以及湖北省神农架林区的环保和统计部门的所有参加人员。他们与我们一样经历过欣喜、压力、辛酸和无奈。他们是中国开展绿色 GDP 核算研究的第一批勇敢的实践者和贡献者。尽管在此不能一一列出他们的名字，但正是他们出色的试点工作和创新贡献才使得中国的绿色 GDP 核算取得了这样丰富多彩的成果，为全国的绿色 GDP 核算提供了坚实的基础和技术方法的验证。

在绿色 GDP 核算研究项目过程中，始终有一批专家学者对绿色 GDP 核算研究给予了高度的关注和支持，他（她）们积极参与了核算体系框架、核算技术方法、核算研究报告等咨询、论证和指导工作，对我们的核算研究工作也给予了极大的鼓励。有些专家对绿色 GDP 核算提出了不同的、有益的、反对的意见，而且正是这些不同意见使得我们更加认真谨慎和保持头脑清醒，更加客观科学地去看待绿色 GDP

核算问题。毫无疑问，这些专家对绿色 GDP 核算的贡献不亚于那些完全支持绿色 GDP 核算的专家所给予的贡献。这两方面的专家主要有中国科学院牛文元教授、李文华院士和冯宗炜院士，中国环境科学研究院刘鸿亮院士和王文兴院士，环境保护部金鉴明院士，中国环境监测总站魏复盛院士和景立新研究员，中国林业科学研究院王涛院士，天则经济研究所茅于轼教授，中国社会科学院郑易生教授、齐建国研究员和潘家华教授，中共中央政策研究室郑新立研究员，谢义亚研究员和潘盛洲研究员，中共中央党校杨秋宝教授，国务院研究室宁吉喆教授和唐元研究员，国务院发展研究中心周宏春研究员和林家彬研究员，中国海洋石油总公司邱晓华研究员，中国人民大学环境学院马中教授和邹骥教授，北京大学萧灼基教授、叶文虎教授、刘伟教授、潘小川教授和张世秋教授，清华大学胡鞍钢教授、魏杰教授、齐晔教授和张天柱教授，国家宏观经济研究院曾澜研究员、张庆杰研究员和解三明研究员，环境保护部政策研究中心夏光研究员、任勇研究员和胡涛研究员，中国农业科学院姜文来研究员，中国科学院王毅研究员和石敏俊研究员，中国环境科学研究院曹洪法研究员、孙启宏研究员，中国林业科学研究院江泽慧教授、卢崎研究员和李智勇研究员，卫生部疾病预防控制中心白雪涛研究员，国家统计局统计科学研究所文兼武研究员，农业部环境监测科研所张耀民研究员，国家发展和改革委员会国际合作中心杜平研究员，国家林业局经济发展研究中心戴广翠研究员，中国水利水电科学研究院甘泓研究员和陈韶君研究员，中国地质环境监测院董颖研究员，中华经济研究院萧代基教授，同济大学褚大建教授和蒋大和教授，北京师范大学杨志峰教授和毛显强教授等。在此，我们要特别感谢这些专家的智慧点拨、专业指导以及中肯的意见。

中国绿色 GDP 核算研究得到了国际社会的高度关注。世界银行、联合国统计署、联合国环境署、联合国亚太经社会、经济合作与发展组织、欧洲环境局、亚洲开发银行、美国未来资源研究所、世界资源研究所等都积极支持中国绿色 GDP 核算的工作，核算技术组与加拿大、德国、挪威、日本、韩国、菲律宾、印度、巴西等国家的统计部门和环境部门开展了很好的交流与合作。在此，我们要特别感谢联合国统计署 Alfieri Alessandra 处长、联合国环境署 Abaza Hussein 处长和盛馥来博士、世界银行原高级副行长林毅夫博士、世界银行谢剑博士、前世界银行驻中国代表处 Andres Liebenthal 主任、经济合作与发展组织 Brendan Gillespie 处长、欧洲环境局 Weber Jean-Louis 处长、挪威经济研究中心 Haakon Vennemo 研究员，美国未来资源研究所 Alan Krupnick 研究员、加拿大联邦统计署 Robert Smith 处长、联合国亚太统计研究所 A. C. Kulshreshtha 先生、2001年诺贝尔经济学奖得主哥伦比亚大学 JosephE Stiglitz 教授、美国哥伦比亚大学 Perter Bartelmus 教授、加拿大阿尔伯特大学 Mark Anielski 教授、意大利 FEEM 研究中心 Giorgio Vicini 研究员、世界银行亚太地区部 Magda Lavei 主任、亚洲开发银行 Zhuang Jian 博士、美国环保协会杜丹德博士和张建宇博士等官员和专家的独特贡献。

中国环境科学出版社的陈金华女士对本《丛书》的出版付出了很大的心血，精心组织《丛书》选题和编辑工作，并把《丛书》选入《"十一五"国家重点图书出版规划》。同时，本《丛书》的出版得到了环境保护部环境规划院承担的国家"十五"科技攻关《中国绿色国民经济核算体系框架研究》课题、世界银行"建立中国绿色国民经济核算体系"项目以及财政部预算"中国环境经济核算与环境污染损失调查"和"建立环境经济核算技术支撑与应用体系"等项目的资助。在此，对环境保护部环境规划院和中国环境科学出版社的支持表示感谢。最后，对本《丛书》中引用参考文献的所有作者表示感谢。

（九）

中国绿色 GDP 核算的研究和试点在规模和深度上是前所没有的。虽然许多国家在绿色核算领域已经做了不少工作，但是由于绿色核算在理论和技术上仍有不少问题没有解决，至今没有一个国家和地区建立了完整的绿色国民经济核算体系，只是个别国家和地区开展了案例性、局部性、阶段性的研究。本《丛书》是中国绿色 GDP 核算项目理论方法和试点实践的总结，不论在绿色核算的技术方法上，还是指导绿色核算实际操作上在国内都填补了空白，在国际层面上也具有一定的参考价值。

然而，我们必须清醒地认识到，绿色国民经济核算体系是一个十分复杂而崭新的系统工程，目前我们取得的成绩仅是绿色核算"万里长征"的第一步，在理论上、方法上和制度上还存在许多不足和难点需要我们去不断攻克。我们必须充分认识建立绿色国民经济核算体系的难度，科学严谨、脚踏实地、坚持不懈地去研究建立环境经济核算的核算体系和制度，最终为全面落实和贯彻科学发展观提供环境经济评价工具，为建立世界的绿色国民经济核算体系做出中国的贡献。

为了使得本《丛书》更加科学、客观、独立地反映绿色 GDP 核算研究成果，本《丛书》编辑时没有要求《丛书》每册的选题目标、概念术语、技术方法保持完全的一致性，而是允许《丛书》各册的具有相对独立性和相对可读性。现在，我们把环境经济核算的最新研究成果陆续加入到本《丛书》中，让更多的人了解并加入到探索中国环境经济核算的队伍中。由于时间限制和水平有限，本《丛书》难免有各种错误或不当之处，我们欢迎读者与我们联系（邮箱 wang.jn@caep.org.cn），提出批评、给予指正。我们期望与大家一起以一种科学和宽容的态度去对待绿色 GDP 核算，与大家一起继续探索中国的绿色 GDP 核算体系。我们也相信，随着生态文明和美丽中国建设的推进，绿色 GDP 核算正在成为一个有效评价可持续发展能力的科学体系。

王金南
记于 2009 年 2 月 1 日
重记于 2013 年 2 月 1 日

前言

　　胡锦涛总书记早在 2004 年中央人口资源环境工作座谈会上就指出:"要研究绿色国民经济核算方法,探索将发展过程中的资源消耗、环境损失和环境效益纳入经济发展水平的评价体系,建立和维护人与自然相对平衡的关系。"2007 年,胡锦涛总书记在中国共产党的十七大报告中再次指出,我国社会经济发展中面临的突出问题就是:"经济增长的资源环境代价过大"。我国独特的社会政治制度、干部考核制度和经济发展模式决定了我国政府对于开展绿色国民经济核算(简称绿色 GDP 核算)有着强烈的政治需求,包括中央领导、各级政府和有关学者在内的社会各界,要求有关部门和研究机构从区域和行业的角度出发,从定量货币化的角度去核算发展的资源环境代价,告诉政府和老百姓"过大"的资源环境代价究竟有多大。

　　为了树立和落实全面、协调、可持续的发展观,为上述问题找到科学可信的答案,环境保护部(原国家环境保护总局)和国家统计局于 2004 年 3 月联合启动了《中国绿色国民经济核算研究》项目,环境保护部环境规划院与中国人民大学、中国环境监测总站和环境保护部政研中心等单位联合成立技术组开展了富有成效的研究,两个部门于 2006 年 9 月 7 日联合发布了《中国绿色国民经济核算研究报告 2004》并召开了新闻发布会,标志着中国的绿色国民经济核算研究取得了阶段性和突破性的成果。目前,以环境保护部环境规划院为代表的技术组已经完成了 2004—2007 年共 4 年的全国环境经济核算研究报告,标志着基于环境污染的绿色国民经济年度核算报告制度已经初步形成。4 年的核算结果表明我国经济发展造成的环境污染代价持续提高,环境污染治理压力也日益增大,4 年的环境污染代价从 5 118.2

亿元提高到 7 334.1 亿元，增长了 43.3%，低于同期按当年价格计算的地区合计 GDP 增长幅度 64.5%；环境污染虚拟治理成本增长了 51.5%，低于同期按当年价格计算的行业合计 GDP 增长幅度 56.1%。

需要注意的是，目前的核算方法不够成熟以及基础数据不具备的环境污染损失项没有计算在内，因此核算结果是不完整的环境污染损失代价。为了充分保证核算结果的科学性，完整的环境经济核算包括环境污染损失核算和生态破坏损失核算两部分，本研究报告仅涉及环境污染损失核算，主要包括环境污染实物量和价值量核算，价值量核算采用治理成本法和污染损失法分别得到环境污染虚拟治理成本和环境退化成本。其中，环境退化成本存在核算范围不全面、核算结果偏低的问题，如果计算全面，环境污染代价将大于同期经济增长速度，我国经济的高速增长态势必然将大打折扣。

目 录

第二部分　中国环境经济核算研究报告 2008

第一部分
中国环境经济核算研究报告
2007

第1章

核算方法与内容

　　2007 年环境经济核算的内容仍然沿用近期环境经济核算框架中确定的内容，包括三部分：①环境实物量核算。运用实物单位建立不同层次的实物量账户，描述与经济活动对应的各类污染物的产生量、去除量（处理量）、排放量等，具体分为水污染、大气污染和固体废物实物量核算。在 2007 年的实物量账户中，增加了环境质量和环保投入账户；②环境价值量核算。在环境实物量核算的基础上，运用两种方法估算各种污染排放造成的环境退化价值；③经环境污染调整的GDP 核算。

　　环境实物量核算是以环境统计为基础，综合核算全口径的主要污染物产生量、削减量和排放量。核算口径较目前的统计数据更加全面，更能全面地反映主要环境污染物的排放情况。2007 年新增加的环境质量和环保投入账户，主要采用环境统计数据。

　　采用治理成本法核算虚拟治理成本。虚拟治理成本是指目前排放到环境中的污染物按照现行的治理技术和水平全部治理所需的支出。治理成本法核算虚拟治理成本的思路是：假设所有污染物都得到治理，则当年的环境退化不会发生。从数值上看，虚拟治理成本可以认为是环境退化价值的一种下限核算。

　　采用污染损失法核算环境退化成本。环境退化成本是指环境污染所带来的各种损害，如对农产品产量、人体健康、生态服务功能等的损害。这些损害需采用一定的定价技术，进行污染经济损失评估。与治理成本法相比，基于损害的污染损失估价方法更具合理性，是对污染损失成本更加科学和客观的评价。

　　与 2004 年相比，2005—2007 年的环境经济核算在核算范围和核算方法上每年有所微调。从核算范围来看，近 3 年的核算增加了两项内容：①公路交通运输行业的污染物实物量核算和虚拟治理成本核算；②在环境退化成本的核算中，增加了大气污染引起的额外清洁费用损失的核算。从核算方法来看，根据最新的文献研究和相关调查成果，2006 年对种植业废水及污染物排放量核算方法进行了调整，2007年对农村生活和散养畜禽的废水与污染物排放量、固体废弃物堆放占用土地造成的污染损失进行了调整。因此，从局部来看，部分核算结果不可比，但从总体来看，近 4 年的核算思路、核算范围、核算内容以及核算方法基本相同，全面核算结果具有可比性。而且经过 5 年的试点以及核算工作的开展，环境经济核算方法与技术体系正在日趋完善，年度环境经济核算制度初步形成。

2007 年的核算以环境统计和其他相关统计为依据，就 2007 年全国 31 个省市和各产业部门的水污染、大气污染和固体废物污染的实物量和虚拟治理成本进行了全面核算，得出了经环境污染调整的 GDP核算结果以及全国 30 个省市①的环境退化成本及其占 GDP 的比例。本报告核算数据来源包括《中国环境统计年报 2007》《中国统计年鉴2008》《中国城市建设统计年鉴 2007》《中国能源统计年鉴 2008》《中国卫生统计年鉴 2008》《中国乡镇企业年鉴 2008》《中国卫生服务调查研究——第三次国家卫生服务调查分析报告》和《中国畜牧业年鉴 2008》以及 31 个省市的 2008 年度统计年鉴，环境质量数据和环境统计基表数据由中国环境监测总站提供，农产品价格数据由国家发改委价格监测中心提供。

---

① 由于西藏自治区统计数据不全面，未对西藏自治区的环境退化成本进行核算；同时，由于环境统计基础薄弱，西藏自治区的虚拟治理成本核算结果仅供参考。

第2章

实物量核算结果

核算结果表明，2007 年全国废水排放量为 769.2 亿 t，COD 排放量为 2 223.7 万 t，氨氮排放量为 241.7 万 t；二氧化硫、烟尘、粉尘和氮氧化物排放总量分别为 2 434.3 万 t、986.6 万 t、698.7 万 t 和 2 374.6 万 t；工业固体废物的贮存排放量为 25 178.9 万 t，新增城镇生活垃圾堆放量 6 927.4 万 t。

2.1 水污染实物量

2.1.1 全国废水排放量比上年略有增加，COD 排放量出现下降

2007 年，全国废水排放量 769.2 亿 t，比上年增加 6.3%，增速比上年（11.1%）有所减缓。其中，工业废水排放量 246.7 亿 t，比上年增加 2.7%；城市生活废水排放量 310.2 亿 t，比上年增加 4.6%；第一产业废水排放量 212.4 亿 t，由于核算方法有所调整，比上年相比增长较快。

2007 年，全国 COD 排放量 2 222.6 万 t，比上年降低 5.2%，其中，工业降幅较大，达 11.3%，城市生活 COD 排放量比 2006 年减少 1.8%，第一产业 COD 排放比上年降低 2.3%。

2007 年，全国氨氮排放量比上年也有所下降。氨氮排放总量 241.6 万 t，比上年减少 2.7%，其中，工业氨氮排放量继续保持下降势头，比上年减少 5.4%，城市生活氨氮排放量比上年减少 0.6%，第一产业氨氮排放量比上年减少 3.4%。

2.1.2 城市生活废水排放量居于三产之首，工业 COD 排放量退居末位

2007 年，城市生活废水排放量 310.2 亿 t，占全国废水排放量的

40.3%，同时，城市生活废水的 COD 和氨氮排放量也超过第一、第二产业，分别占 COD 和氨氮总排放量的 39.2%和 40.7%。与 2006 年相比，第二产业 COD 排放量由第二位降低到第三位，第一产业和第二产业 COD 排放量分别占总排放量的 30.9%和 29.9%。氨氮排放量位居第二的仍是第一产业，占总排放量的 39.5%。

2.1.3 城市生活废水排放达标率显著提高，中西部地区的废水处理水平亟待提高

2007 年，全国城市生活污水平均排放达标率 42.9%，比 2006 年的 36.3%有显著增长，相对增幅达 18.2%；工业废水排放达标率继续提高，达到 78.5%。从各地区来看，2007 年各省市废水排放达标率平均水平为 42.7%，东部地区废水排放达标率达 49.6%，高于平均水平；中部和西部废水排放达标率水平差距不大，分别为 35.4%和 36.2%，均低于平均水平。从省市之间的差距来看，废水排放达标率高于 50%的城市共有 8 个，其中有 6 个位于东部地区。废水排放达标率低于 30%的省份有 7 个，其中有 6 个位于中西部地区，分别是江西、湖南、贵州、西藏、青海和新疆。

2.2 大气污染实物量

2.2.1 SO_2、烟尘和粉尘排放量呈现下降趋势，氮氧化物排放量持续上升

根据核算，近 3 年来全国 SO_2 排放量持续增长，2007 年首次出现下降，全国 SO_2 排放量 2 434.3 万 t，比上年减少 246.3 万 t，下降了 9.2%；其中，第二产业 SO_2 排放量 2 214.4 万 t，比上年下降 9.0%；城市生活 SO_2 排放量 79.7 万 t，比上年下降 22.0%；第一产业 SO_2 排放量 140.2 万 t，比上年下降 2.4%。

根据核算，近 3 年来全国烟尘和粉尘排放量呈持续下降趋势，2007 年，全国烟尘排放量 986.6 万 t，比上年减少 102.2 万 t，下降了 9.4%。其中，工业烟尘排放量 780.3 万 t，比上年下降了 10.7%；城市生活烟尘排放量 74.8 万 t，比上年减少了 16.2%；第一产业烟尘排放量 131.6 万 t，比上年增长了 4.9%。2007 年工业粉尘排放量 698.7 万 t，比上年减少 13.6%。

值得注意的是，根据核算近年来全国氮氧化物排放量呈持续增长

趋势,2007 年全国氮氧化物排放量 2 374.6 万 t,比上年增加 201.4 万 t,增长 9.3%。其中,第二产业氮氧化物排放量 1 749.0 万 t,比上年增长 7.4%;城市生活氮氧化物排放量 594.3 万 t,增幅达到 15.7%;第一产业氮氧化物排放量 31.2 万 t,与上年基本持平。

2.2.2 大气污染物排放主要集中在第二产业,电力行业仍是主要排放源

2007 年,第二产业 SO_2 排放量 2 214.4 万 t,占全国排放量的 91.0%;第一产业和城镇生活 SO_2 排放量分别占全国排放量的 5.8%和 3.3%;第二产业的烟尘排放量占全国烟尘总排放量的 79.1%,第二产业 NO_x 的排放量占全国 NO_x 总排放量的 73.7%,各产业排放量所占份额与去年基本持平。

2007 年电力行业的 SO_2 去除效率明显提高,达到 39.4%,比上年提高 15.7%。但电力行业依然是大气污染物的主要来源,2007 年,电力行业的 SO_2、烟尘和 NO_x 排放量分别占第二产业 SO_2、烟尘和 NO_x 排放量的 58.4%、42.3%和 65.5%。

2.2.3 二氧化硫去除率显著提高,但大气污染治理任务依然艰巨

2007 年,全国 SO_2 去除率 44.1%,与 2006 年 37.8%相比,有显著提高。SO_2 排放量最大的五个省依次为山东、河南、河北、内蒙古和山西,与 2006 年基本相同,SO_2 去除率分别为 47.1%、38.7%、50.1%、42.1%和 45.6%,河南和内蒙古的治理水平低于全国平均水平。烟尘排放量最大的五个省依次为山西、辽宁、河南、内蒙古和河北,都集中在北方地区;NO_x 排放量最大的五个省分别是山东、河北、江苏、广东和河南,去除率仅为 2.8%、1.3%、5.7%、3.4%和 2.5%。总体来看,虽然 SO_2 治理水平有所提高,但排放量依然较大,而 NO_x 几乎没有治理,未来大气污染治理任务依然非常艰巨。

2.3 固体废物实物量

2.3.1 工业固废产生量持续增加,处置利用率略有下降

根据核算,近年来工业固废产生量持续增加,2007 年全国一般工业固废产生量 17.6 亿 t,比上年增加 2.4 亿 t,增长了 13.6%。2007 年一般工业固废的处置利用率为 86.4%,比上年下降 3%,主要原因

是 2007 年燃气生产和供应业、其他采矿业、非金属矿采选业和文教体育用品制造业的一般工业固废处置利用率较 2006 年的处置利用率均有 20% 以上幅度的下降。2007 年一般工业固废利用量 11.0 亿 t, 处置量 4.1 亿 t, 贮存量 2.4 亿 t, 排放量 0.12 亿 t。

一般工业固废贮存排放量居前 5 位的行业仍然为黑色和有色矿采选业、电力、煤炭采选和化工行业, 这 5 个行业的贮存排放量占总贮存排放量的 86.7%。东部地区的一般工业固废产生量最大, 占全国总产生量的 39.6%, 东部地区的一般工业固废的处置利用率为 92.4%, 高于中部地区的 88.7% 和西部地区的 76.2%; 一般工业固废贮存排放量居前 5 位的省份依次为内蒙古、辽宁、河北、四川和云南, 这 5 个省的贮存排放量占总贮存排放量的 49.5%。

2.3.2 危险废物贮存排放量下降, 处置利用率提高

2007 年, 全国危险废物产生量 1 077.0 万 t, 比上年减少 7.0 万 t, 减少了 0.65%。2007 年危险废物处置利用率明显提高, 达到 92.5%, 比上年增加 13.6%。2007 年危险废物利用量 651.0 万 t, 其中利用当年废物量为 577.4 万 t; 处置量 345.6 万 t, 比上年增加 56.3 万 t; 贮存排放量 154.0 万 t, 比上年减少 132.8 万 t, 降低 46.3%, 主要原因是 2007 年贵州省有色矿采业的危险废物排放量迅速下降。

危险废物贮存排放量居前 5 位的行业为有色矿采选业、化工行业、有色冶金业、非金属矿采业和煤炭采选业, 这 5 个行业的贮存排放量占总贮存排放量的 94.5%; 东部地区危险废物产生量高于西部地区和中部地区, 占全国总量的 55.7%; 西部地区危险废物处置利用率为 64.3%, 低于东部地区和中部地区; 危险废物贮存排放量居前 5 位的省份依次为青海、贵州、云南、新疆和四川, 这 5 个省的贮存排放量占总贮存排放量的 83.6%, 其中青海省危险废物处置率仅为 1.4%, 在危废处理处置上尚需加大治理投入。

2.3.3 生活垃圾处理率明显提高, 中部省份生活垃圾处理水平亟待提高

2007 年, 我国的城市生活垃圾产生总量为 1.92 亿 t, 其中, 清运量 1.52 亿 t, 处理量 1.23 亿 t, 新增堆放量 0.69 亿 t, 较 2006 年减少

0.1 亿 t。2007 年城市生活垃圾平均无害化处理率①为 49.1%，处理率为 64.0%，分别比上年提高 7.3%和 5.8%。

中部地区新增城市生活垃圾堆放量占全国总量的 68.8%，明显高于西部和东部地区，同时中部地区城市垃圾无害化处理率仅为 32.6%，明显低于东部地区的 61.3%和西部地区的 44.0%，说明中部地区的垃圾无害化水平需要提高。与 2006 年相比，多数省市的城市生活垃圾堆放量呈现下降趋势，降低最多的 5 个省分别是广东、安徽、西藏、辽宁和湖北，而增长较大的省份是山西、河北和河南，这 3 个省的生活垃圾处理率和无害化处理率均低于全国平均水平，其生活垃圾处理率有待提高。城市生活垃圾无害化处理率最高的是北京市，达到了 95.7%，其次为浙江、上海和江苏，均在 70%以上；新疆、安徽、黑龙江、山西和甘肃的无害化处理率低于 30%。

2.4　环境质量账户

中国环境经济核算体系从能够基本反映我国环境质量状况、具有比较连续监测数据的环境指标中选取了具有代表性的指标，建立了环境质量账户。除了直接反映环境质量的指标外，还选取了部分反映治理水平的指标，从治理层面体现环境质量变动的原因。表 2-1 为 1998—2007 年我国的环境质量变化趋势，从表中数据来看，我国近年来环境质量有一定程度的改善，总体趋于好转，但部分指标仍有所波动。

水环境：地表水水环境质量堪忧，污染覆盖面较广，从对全国地表水监测断面统计来看（图 2-1），近年劣V类断面的比例虽逐年下降，但其比例仍接近全国的近 1/4，好于 III 类的比例较上年有所提高，达到 49.9%，接近监测断面的一半，黄河、海河和"三湖"等重污染流域的水质没有好转；近岸海域水质良好，总体上看，近海大部分海域相对清洁，就劣IV类水的监测点比例而言，总体呈下降态势，但 2007 年较上年略有升高；随着我国城市基础设施建设的展开，城镇污水处理能力逐年提高，城镇污水处理率在 2004—2007 年期间，年均增幅达到 10%以上，到 2007 年，城镇污水处理率已达到 62.9%，其中部分城镇已接近甚至达到 90%。

---

① 本报告无害化处理率指城市生活垃圾无害化处理量与产生量的百分比。

表 2-1　1998—2007 年环境质量账户　　　　　　　　单位：%

指标		1998 年	2004 年	2005 年	2006 年	2007 年
水环境	全国地表水监测断面劣于 V 类的比例	37.7	29.7	27.0	26.0	23.6
	近岸海域水质监测点位劣于 IV 类的比例	31.5[1]	21.5	18.4	17.0	18.3
	工业废水 COD 去除率	48.3	58.9[1]	58.9[1]	60.3[1]	66.2[1]
	城镇污水处理率	29.6	45.7	52.0	55.7	62.9
大气环境	好于 II 级以上城市的比例	27.6	41.7	60.3	62.4	60.5
	工业废气二氧化硫（SO_2）去除率	18.1	29.2[2]	32.4[2]	37.4[2]	44.1[2]
	工业废气氮氧化物（NO_x）去除率 [2]	—	0.03	2.0	2.0	6.52
固体废物	工业固体废物综合利用率 [2]	41.7	55.8	56.1	60.9	62.8
	城镇生活垃圾无害化处理率	60.0	42.0[2]	43.3[2]	41.8[2]	49.1[2]

注：1）1999 年数据；2）中国环境经济核算结果。
其他数据来源：中国环境统计年报、全国环境质量年报书和中国城市建设统计年鉴。

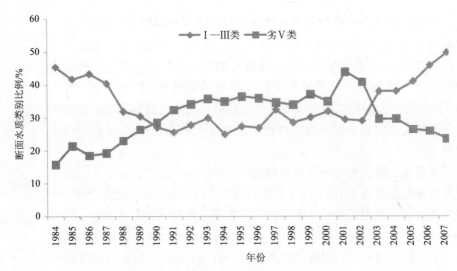

图 2-1　1984—2007 年地表水水质变化趋势

　　大气环境：从总体上看，全国城市空气质量总体良好且趋于改善，2007 年全国空气质量好于 II 级以上城市的比例是 60.5%，基本与 2005 年、2006 年持平，较 1997 年几乎翻了两番，达到三级的比例较上年也有较大提高（图 2-2）；但从经人口加权的全国平均城市 PM_{10} 质量浓度来看，大气环境质量的改善程度还不能令人满意（图 2-3）。城市空气质量的改善得益于大气污染物治理水平的有效提高，近 4 年 SO_2

的治理水平显著提高，4 年的提高幅度达到 14.9%，高于 1998 年到 2004 年 6 年的增长幅度 11.1%。

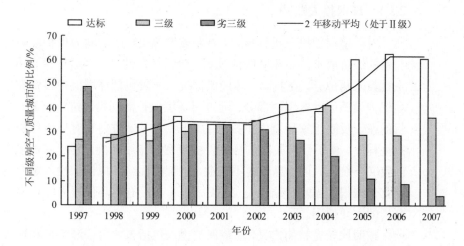

图 2-2　1997—2007 年不同级别空气质量城市的比例变化情况

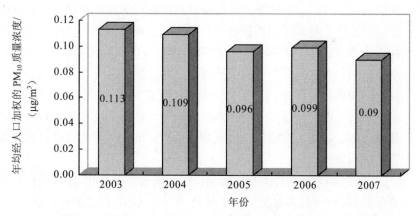

图 2-3　2003—2007 年经人口加权的全国平均城市 PM$_{10}$ 质量浓度

固体废物：近年来，我国加强了对工业固体废物和生活垃圾的管理力度，提倡固体废物的综合利用。从统计指标上看，工业固废综合利用率不断提高，从 1998 年的 41.7%上升到 2007 年的 62.8%，提升了 21%；2003—2006 年城镇生活垃圾无害化处理率基本保持在 42.0%左右，但 2007 年出现明显提高，2007 年的城镇生活垃圾无害化处理率已经接近 50.0%。

2.5　环境保护投入

2.5.1　环保投入账户

对环境保护投入进行核算，是要核算现实经济活动为保护环境而花费的经济成本，即环境保护投入，包括经常性投入（运行费）和投资性投入两部分。在我国，环境保护投入一般包括环境保护投资和环境保护设施运行费用两部分。通过对环境保护活动投入进行核算，其目的在于反映国家环境保护投入的规模、结构、方向和对环境保护的重视程度。由于目前我国的环境保护投资范围不明确，环境保护投资的定义不统一，且信息渠道不畅通，这种情况给环境保护投入账户的建立带来很大困难，这也是 2004—2006 年没有对环保投入账户进行分析的主要原因。

按照比较完整的定义，环境保护投入包括工业污染源治理和城市环境建设直接相关的用于形成固定资产的资金投入、治理设施运行费用以及各级政府的环境管理方面的投入。其中，各级政府环境管理方面的投入不可得，本报告的环保投入只包括环保投资和运行费用两部分。按照目前的环境保护投资统计的口径，环境保护投资范围主要包括 3 个方面：①城市环境基础设施建设投资；②工业污染源治理投资；③建设项目"三同时"环境保护投资。环境保护运行费用指进行环境保护活动或维持污染治理运行所发生的经常性费用，包括设备折旧、能源消耗、设备维修、人员工资、管理费、药剂费及设施运行有关的其他费用，以及企业缴纳的环境保护税费，其中，后者目前只有资源税和排污费可得。

2007 年按活动主体的环境保护投入见表 2-2。2007 年共计投入环境保护资金 6 132.4 亿元，占当年行业合计 GDP 的 2.5%。其中，环保投资 3 387.6 亿元，占总资金的 55.2%；环境保护运行费用 2 744.8 亿元，占总资金的 44.8%。在 2007 年的环境保护运行费用中，治理设施的运行费用为 2 305.3 亿元，环境保护税费 439.5 亿元，分别占运行费用的 84.0% 和 16.0%。在治理设施的运行费中，企业因生产活动而支出的污染治理设施运行费用，即内部环境保护支出为 1 886.7 亿元，是城市污水处理和垃圾处理等外部环境保护活动的 5.2 倍。在内部环保支出中，第二产业是环保支出最大的产业。

表 2-2　2007 年按活动主体分的环境保护投入核算表　　　单位：亿元

核算对象 ＼ 核算主体	外部环境保护				内部环境保护				投入总计
	城市污水处理	城市垃圾处理	其他外部环保活动	合计	第一产业	第二产业	第三产业	产业总计	
运行费用：									
中间消耗和工资等	101.7	97.5	219.3	418.5	96.0	1 249.8	540.9	1 886.7	2 305.3
环境保护税费									439.5
资源税									261.2
排污费等									178.3
运行费用合计									2 744.8
投资性支出：				1 467.8				1 919.8	3 387.6
环境保护投入总计									6 132.4

注：1）按活动主体分的中间消耗和工资等运行费的数据根据核算得到；

　　2）资源税和排污费数据没有按活动主体分的数据，仅列出合计数据；

　　3）外部环境保护的投资性支出数据为环境统计年报中的城市环境基础设施建设投资，内部环境保护的投资性支出数据为环境统计年报中的工业污染源治理投资和建设项目"三同时"环保投资之和。

在 3 387.6 亿元环境污染治理投资中，城市环境基础设施建设投资（1 467.8 亿元）和建设项目"三同时"环保投资（1 367.4 亿元）是重点，分别占治理投资的 43.3%和 40.4%，老工业污染源治理投资 552.4 亿元，仅占总治理投资的 16.3%。

在征收的 439.5 亿元环境保护税费中，资源税 261.2 亿元，排污费 178.3 亿元。解缴入库的排污费 173.6 亿元，主要来自废气污染物的征收，占总排污费的 73.1%，废水、噪声和危险废物分别占 20.1%、5.2%和 1.6%。

2.5.2　历年环保治理投资

为改善我国环境质量，提升环境保护管理水平，环境质量治理的资金投入日趋增多，无论是从环保投资还是污染治理运行费用来看，都呈不断增长的趋势，而且增幅也逐年增长，环保财源保障能力不断增强。

回顾我国历年的环保投资（表 2-3），可以看出环保投资总量逐年增加，"九五"和"十五"期间成倍增长。据不完全统计，1973—1981 年，国家财政共安排污染治理资金 5.04 亿元，约占同期 GDP 的 0.51%，同环保投资需求相差甚远。改革开放以来，环保投资绝对量逐年增加。"七五"期间全国环保投资 476.42 亿元；到 1980 年代末期，年投资总额超过 100 亿元，占同期国民生产总值的 0.60%左右；"八五"期间达到 1 306.57 亿元，是"七五"期间的 2.7 倍；而"九五"期间的投资又是"八五"期间的 2.7 倍，达到 3 516.4 亿元。1999 年占同期 GDP 比例首次突破 1.0%，"十五"期间环境保护投资达到了 8 399.1 亿元，占同期 GDP 的比例为 1.31%。根据"十一五"环境保护规划，全国"十一五"期间环保投资预期 15 300 亿元（约占同期 GDP 的 1.35%）。2007 年，全国环境污染治理投资总额达 3 387 亿元，是 1981 年 25 亿元的 135 倍；占同期国内生产总值的比重为 1.37%。

表 2-3   中国历年环境保护投资状况

年份和区间	环保投资总量（当年价）/亿元	占同期GDP比例/%	占社会固定资产投资的比例/%	环保投资增长率/%	同期当年GDP增长率/%
1973—1981	5.04	—	—	—	—
"六五"期间（1981—1985）	170	0.52	—	—	—
"七五"期间（1986—1990）	476.42	0.69	2.41	—	—
1991	170.12	0.84	3.09	—	—
1992	205.56	0.86	2.62	20.83	23.22
1993	268.83	0.86	2.16	30.78	30.02
1994	307.20	0.68	1.88	14.27	35.01
1995	354.86	0.62	1.77	15.51	25.06
"八五"期间（1991—1995）	1 306.57	0.73	2.10	174.25	159.31
1996	408.21	0.60	1.78	15.03	16.09
1997	502.49	0.68	2.01	23.10	9.69
1998	721.8	0.92	2.30	43.64	5.21
1999	823.2	1.00	2.76	14.05	4.75
2000	1 060.7	1.19	3.22	28.85	9.02
"九五"期间（1996—2000）	3 516.4	0.89	2.48	169.13	108.49
2001	1 106.6	1.15	2.97	4.33	8.77
2002	1 367.2	1.30	3.14	23.55	8.07
2003	1 627.7	1.39	2.93	19.02	11.62
2004	1 909.8	1.40	2.71	17.36	16.60
2005	2 388	1.30	2.69	25.04	33.18
"十五"期间（2001—2005）	8 399.1	1.31	2.84	138.86	62.93
2006	2 566	1.22	2.33	7.45	15.68
2007	3 387	1.37	2.47	32.00	11.4

注：本表环保投资占 GDP 的比例按当年价 GDP 计算获得。

图 2-4 为 1995—2007 年环保投资与国内生产总值、固定资产投资的相对变化情况，从环保投资占同期社会固定资产投资比例以及环保投资弹性系数的变化规律来看，环保投入相对仍很不足，而且缺乏稳定性，环保投入的有效性不高。

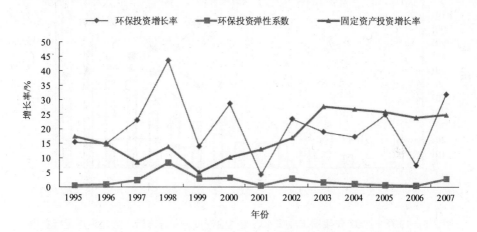

图 2-4　1995—2007 年环保投资与国内生产总值、固定资产投资变化情况[①]

2.5.3　历年环保治理运行费用

随着环保投入的增加，环境污染治理能力和环保设施的治理运行费用也不断提高。根据核算结果，2007 年环境污染实际治理成本共计 2 305.3 亿元，其中，废水治理 653.7 亿元、废气治理 1 369.7 亿元、固废治理 281.9 亿元。由于缺乏统计数据，畜禽养殖、农村生活、工业固废的实际治理成本根据核算得到，分别为 80.4 亿元、15.6 亿元和 184.4 亿元。

2007 年，工业废水、废气、危险废物和城市污水四项有实际统计数据的污染治理运行费用合计达到 1 129.8 亿元（图 2-5），是 1991年 34.3 亿元的近 33 倍，其中，工业废水所占比例从 2001 年的 58.9%降到 2007 年的 37.9%，城市污水所占比例相应从 7.1%提高到 11.5%，城市污水处理能力明显不足；工业废气所占比例上升较快，特别是近两年从 2005 年的 40.2%上升到 2007 年的 49.1%，这说明近 3 年安装

---

① 图中环保投资和固定资产投资增长率按当年价计算：
　环保投资弹性系数＝环保投资增长率/同期 GDP 增长率×100%

的脱硫设施运转较正常。

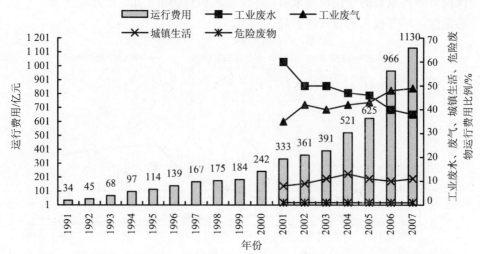

图 2-5　1991—2007 年我国工业废水、废气治理设施和城市污水处理设施运行费用

第3章

虚拟治理成本核算结果

2007 年，全国环境污染虚拟治理成本 4 355.6 亿元，比 2006 年增加了 243.0 亿元。其中，水污染、大气污染、固体废物污染虚拟治理成本分别为 2 121.1 亿元、2 104.8 亿元和 129.8 亿元，其中，大气污染比 2006 年增加了 15.6%，水和固废污染分别比 2006 年降低了 1.1%和 11.9%。2007 年全国虚拟治理成本占全国行业合计 GDP 的比例为 1.7%，比上年降低 0.3%。

3.1 水污染治理成本

3.1.1 近年废水治理投入增大，虚拟与实际治理成本的比例持续下降

2007 年，全国废水实际治理成本达到 653.7 亿元，比 2006 年增加 16.3%，占行业合计 GDP（生产法）的比重为 0.26%。全国废水虚拟治理成本为 2 121.1 亿元，比 2006 年下降 1.1%，占 GDP 的 0.85%，与 2006 年的 1.02%相比有较大幅度的下降。随着废水治理投入的不断增大，废水虚拟治理成本与实际治理成本的比例近年持续下降，由 2004 年的 5.3 倍降到了 2007 年的 3.2 倍。

3.1.2 食品加工和造纸等行业治理投入严重不足，生活废水治理投入需加强

2007 年，工业废水实际治理成本约占总废水实际治理成本的 69.8%，工业废水虚拟治理成本占总废水虚拟治理成本的 52.1%；城镇生活废水实际治理成本约占总废水实际治理成本的 15.6%，城镇生活废水虚拟治理成本占总废水虚拟治理成本的 28.2%。在 38 个工业行业中，实际治理成本居前五位的分别是化工、黑色冶金、造纸、纺

织和石化业，5 个行业的实际治理成本为 243.8 亿元，占工业废水总实际治理成本的 53.5%；虚拟治理成本居前五位的分别是造纸、食品加工、化工、纺织和饮料制造业，5 个行业的虚拟治理成本约占工业废水虚拟治理成本的 73.15%，其中，食品加工和造纸业的治理投入严重不足，这两个行业虚拟治理成本与实际治理成本的比例高达 14.9 和 7.4。

近年城镇生活污水处理能力得到大幅度提高，2007 年城镇生活废水实际治理成本达到 101.7 亿元，是 2004 年的两倍之多，提高近 80%。但 2007 年城镇生活和农村生活废水的虚拟治理成本与实际治理成本的比例仍然高达 18.1 和 5.9，说明生活废水的治理投入还有待进一步提高。

3.1.3 废水治理投入仍需提高，重点是中西部地区

2007 年，废水总治理成本 2 774.8 亿元，比上年增长 2.6%。东部地区的废水实际治理成本最高，为 379.0 亿元，比上年增长 14.3 亿元，江苏、浙江、山东和广东四个省的实际治理成本占全国总量的 36.8%。中部和西部地区的废水实际治理成本分别为 147.8 亿元和 126.9 亿元，分别比上年增长 21.7%和 16.4%。东、中和西部地区的废水虚拟治理成本分别为 810.0 亿元、667.4 亿元和 643.7 亿元，虚拟治理成本和实际治理成本的比例分别为 2.1、4.5 和 5.1。总体来看，与废气治理相比，废水治理投入的缺口更大，废水虚拟治理成本是实际治理成本的 3.6 倍，远大于废气的 2.0 倍。而且，与东部地区相比，中西部地区的废水污染治理投入更加不足。

3.2 大气污染治理成本

3.2.1 脱硫设施运行渐趋稳定，废气实际治理成本显著提高

2007 年，全国的废气实际治理成本为 1 369.7 亿元，比上年提高 30.9%，占当年行业合计 GDP 的 0.55%，比上年提高 0.05%。2007 年，全国废气的实际治理成本仍然远高于废水实际治理成本，是废水实际治理成本的 1.57 倍。其中，生活和工业废气实际治理成本分别为 760.2 亿元和 609.5 亿元，均高于 2006 年的 546.2 亿元和 500.0 亿元。这从一个侧面反映出近两年脱硫设施不但安装到位而且运行也较稳定，2007 年 SO_2 去除率达到 47.1%，远高于 2006 年的 37.8%。

3.2.2 废气污染治理的缺口仍然很大，电力行业仍然是工业治理重点

2007 年，全国废气虚拟治理成本为 2 104.8 亿元，占当年行业合计 GDP 的 0.84%，是实际治理成本的 1.5 倍。城市生活和几乎所有工业行业的大气虚拟治理成本都高于实际处理成本，说明废气污染治理的缺口仍然很大。在废气虚拟治理成本中，2007 年工业废气污染虚拟治理成本为 982.7 亿元，其中电力行业虚拟治理成本为 629.2 亿元，而电力行业的实际治理成本仅为 334.8 亿元，仅为虚拟治理成本的 53.2%，其中，治理 SO_2 和 NO_x 的虚拟治理成本分别为 209.2 亿元和 416.0 亿元，未来电力行业 NO_x 的治理任务将更加艰巨。

3.2.3 东部地区的大气实际和虚拟治理成本高于中西部，治理任务依然艰巨

2007 年，大气污染总治理成本 3 474.5 亿元；东、中、西部 3 个地区的大气实际治理成本分别为 757.4 亿元、321.5 亿元和 290.8 亿元，虚拟治理成本分别为 965.6 亿元、594.6 亿元和 544.6 亿元，分别是实际治理成本的 1.27 倍、1.85 倍和 1.87 倍。东部地区的大气污染实际治理成本和虚拟治理成本分别占全国的 55.3% 和 45.9%，明显高于中西部地区。虚拟治理成本超过总废气治理成本 65% 的省份有安徽、江西、河南、湖南、内蒙古、广西、四川、贵州、陕西、青海，这 10 个省份的生活废气治理水平比较低，城市燃气普及率水平需要进一步提高。

3.3 固体废物治理成本

2007 年，全国固废治理成本 411.7 亿元，其中，实际治理成本为 281.9 亿元，比 2006 年提高 44.5%，占当年 GDP 的 0.11%；虚拟治理成本为 129.8 亿元，占 GDP 的 0.05%。固体废物虚拟治理成本占实际治理成本的比例进一步下降，仅为实际治理成本的 0.46 倍，比上年降低 22.0%，说明固废的治理投入逐年提高。2007 年，东、中、西部 3 个地区的实际治理成本分别为 139.4 亿元、69.3 亿元和 73.3 亿元，辽宁省的固废实际治理成本最高，为 23.9 亿元，占全国总量的 8.48%；东、中、西部 3 个地区的虚拟治理成本分别为 33.4 亿元、33.4 亿元和 63.0 亿元，分别占全国总虚拟治理成本的 25.7%、25.7% 和 48.5%，西部相对投入不足。

2007 年，全国工业固体废物实际治理成本为 184.4 亿元，比上年提高 8.2%，占总治理成本的 69.4%；虚拟治理成本 81.1 亿元，占总治理成本的 30.6%，比上年下降 5.7%。2007 年，全国工业固体废物总治理成本居前 5 位的行业为有色矿采选、黑色矿采选、电力、化工和有色冶金业，这 5 个行业的治理成本占全国总治理成本的 71.2%；另外，2007 年非金属矿采选业、其他矿采选业、食品制造业和燃气业的工业固体废物虚拟治理成本分别是实际治理成本的 5.88 倍、1.38 倍、1.26 倍和 1.78 倍，则说明这 4 个行业的工业固体废物的治理投入还存在很大的缺口。

2007 年，全国城市生活垃圾实际治理成本为 97.5 亿元，占总成本的 66.7%；虚拟治理成本为 48.6 亿元，占总成本的 33.3%，比上年下降 5.5%。2007 年，东、中、西部 3 个地区生活垃圾的虚拟治理成本分别是实际治理成本的 0.31 倍、0.91 倍和 0.70 倍，分别比 2006 年下降 29.6%、8.25% 和 20.6%，说明东、中、西部 3 个地区生活垃圾治理工作均得到了加强。

3.4 虚拟治理成本综合分析

3.4.1 环境污染治理水平逐年提高，但治理投资缺口逐年增大

近年来，环境污染实际和虚拟治理总成本从 2004 年的 3 879.7 亿元上升到 2007 年的 6 337.5 亿元；实际治理成本在 4 年中增幅达到 63.4%，占总成本的比例从 2004 年的 25.9% 上升到 2007 年的 31.3%，环境污染的总体治理水平也逐年提高。但需要注意的是，在实际治理成本大幅增加的同时，虚拟治理成本也在同步增加，从 2004 年的 2 874.4 亿元增长至 2007 年的 4 355.6 亿元。表明随着经济的快速发展，污染产生量也在增加，治理投资缺口并没有随着实际治理投入的提高而减少，反而也呈逐年增大的趋势。

2007 年，虚拟治理成本为 4 355.6 亿元，其中，水污染、大气污染和固体废物污染的虚拟治理成本分别为 2 121.1 亿元、2 104.8 亿元、129.8 亿元，分别占总虚拟治理成本的 48.7%、48.3% 和 3.0%。与 2006 年相比，废水所占比例降低 3.4%，废气所占比例提高 4.0%，固废所占比例降低 0.6%；废水治理成本缺口降低 22.7 亿元，废气治理成本缺口增加 283.3 亿元，固废治理成本缺口降低 17.5 亿元，总治理成本缺口增加 243.0 亿元。

3.4.2　第二产业污染治理成本所占比重降低，城市生活污染治理成本所占比重增加

2007 年，第二产业实际废水治理成本 455.9 亿元，虚拟废水治理成本 1 105.9 亿元，分别占总实际治理成本和虚拟治理成本的 69.8% 和 52.1%，比 2006 年分别降低 3.7% 和 3.6%；第二产业实际废气治理成本 609.5 亿元，虚拟废气治理成本 982.7 亿元，分别占总实际治理成本和虚拟治理成本的 44.5% 和 46.7%，比 2006 年分别降低 3.3% 和 5.2%。总体来看，无论是实际治理成本还是虚拟治理成本，第二产业所占比重有所降低。

2007 年，城市生活废水实际治理成本 101.7 亿元，虚拟治理成本 598.3 亿元，分别占总实际治理成本和虚拟治理成本的 15.6% 和 28.2%，比 2006 年分别提高 1.5% 和 1.0%；城市生活实际废气治理成本 760.2 亿元，虚拟废气治理成本 1 122.1 亿元，所占比重分别为 55.5% 和 53.3%，比 2006 年分别提高 3.3% 和 5.2%。由此可见，2007 年城市生活污染治理成本所占比例有一定幅度的提高。但需要注意的是，虽然 2007 年城市生活废水的实际治理成本比 2006 年增加 128.4%，但能力不足的问题仍然严重，实际治理成本仅为虚拟治理成本的 17%。较工业污染治理，生活污染的治理投入更显不足。

3.4.3　电力行业治理投入大，主要废水排放行业的治理缺口大于废气行业

2007 年，在 39 个工业行业中，虚拟治理成本最高的仍然是电力行业，达到 653.7 亿元，仍然高于 2006 年的 604.5 亿元，说明虽然电力行业的脱硫效率已有较大幅度提高，但由于氮氧化物的治理水平仍然较低，其虚拟治理成本仍然处于高位。该行业虚拟治理成本占工业虚拟治理成本的 30.1%，与 2006 年相比，提高 1.3%；同时电力行业的实际治理成本也位列各行业之首，占工业实际治理成本的 29.9%。

废水治理总成本居前 5 位的行业是造纸、化工、食品加工、纺织和饮料制造业，其中造纸业和食品加工业的虚拟治理成本与实际治理成本的比例高达 7.4 和 14.9。此外，化工、纺织和饮料制造业的该比例也分别达到 1.9、2.2 和 2.6，主要废水排放行业的治理缺口远大于主要废气排放行业，电力、黑色冶金、非金属制造业和有色冶金行业虚拟治理成本与实际治理成本的比例仅为 1.9、2.0、1.3 和 0.3。

3.4.4 中西部地区污染治理投入不断加大，东部地区治理投入缺口依然最大

2007 年，东、中、西部 3 个地区的实际治理成本分别为 1 275.8 亿元、538.5 亿元和 491.0 亿元，分别比上年增加 21.2%、28.3%和 27.5%，中西部地区的污染治理投入明显高于东部地区。

东、中、西部 3 个地区的虚拟治理成本分别为 1 809.0 亿元、1 295.5 亿元和 1 251.2 亿元，3 个地区虚拟治理成本与实际治理成本的比例分别由 2006 年的 1.6、2.9 和 3.2 降至 1.4、2.4 和 2.5，西部地区的下降幅度高于东部和中部地区。从各地区虚拟治理成本占总虚拟治理成本的比例来看，东、中、西部 3 个地区分别占 41.5%、29.7%和 28.7%，与 2006 年相比，西部降低 0.9%，东部地区的污染治理投入缺口绝对量仍然最大。3 个地区环境污染实际和虚拟治理成本如图 3-1 所示。

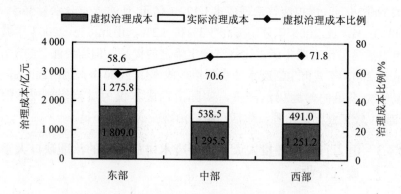

图 3-1　地区污染实际和虚拟治理成本比较

第 4 章

环境退化成本核算结果

2007 年，利用污染损失法核算的环境退化成本 7 334.1 亿元，分别占地区合计 GDP 和行业合计 GDP 的 2.7% 和 2.9%。在环境退化成本中，水污染、大气污染、固废污染和污染事故造成的环境退化成本分别为 3 595.1 亿元、3 616.7 亿元、65.1 亿元和 57.2 亿元，分别占总退化成本的 49.0%、49.3%、0.9% 和 0.8%。

4.1 水环境退化成本

2007 年，水污染造成的环境退化成本为 3 595.1 亿元，占总环境退化成本的 49.0%，比上年增加 6.1%，占当年地区合计 GDP 的 1.30%，其中，水污染对农村居民健康造成的损失为 220.3 亿元，污染型缺水造成的损失为 2 000.8 亿元，水污染造成的工业用水额外治理成本为 393.4 亿元，水污染对农业生产造成的损失为 572.7 亿元，水污染造成的城市生活用水额外治理和防护成本为 393.4 亿元。各省的污染型缺水量与地表水 V 类和劣 V 类断面的比例见图 4-1。

2007 年，东、中、西部 3 个地区的废水环境退化成本分别为 1 777.9 亿元、956.4 亿元和 860.8 亿元，分别比上年增加 5.1%、8.5% 和 5.8%，中部地区的环境退化成本增幅略高于东西部地区。东部地区的废水环境退化成本最高，约占废水总环境退化成本的一半，占东部地区 GDP 的 1.1%；中部和西部地区的废水环境退化成本分别占废水总环境退化成本的 26.6% 和 23.9%，占地区 GDP 的 1.5% 和 1.8%，东、中、西部地区水环境退化成本占地区 GDP 的比例比上年略有下降，分别下降 0.1%、0.1% 和 0.2%。

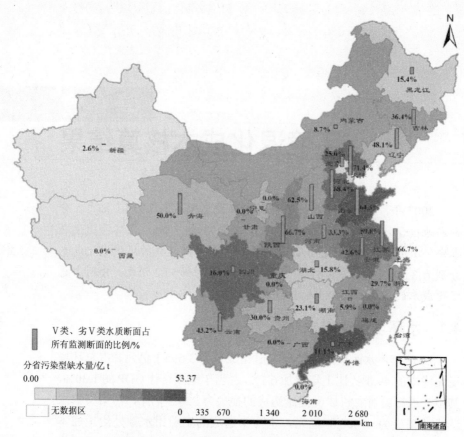

图 4-1　各省的污染型缺水量与地表水 V 类和劣 V 类断面的比例①

4.2　大气环境退化成本

2007 年，大气污染造成的环境退化成本为 3 616.7 亿元，占总环境退化成本的 49.3%，占当年地区合计 GDP 的 1.6%，其中，大气污染造成的城市居民健康损失为 2 327.5 亿元，农业减产损失为 678.5 亿元，材料损失为 173.0 亿元，造成的额外清洁费用为 437.7 亿元，各项损失均较上年有所增加，其中，大气健康损失增幅较大，达到 24.3%，主要原因是 2007 年全病因死亡率较 2006 年有较大幅度的提高。各省的城市人口数量与暴露于 PM_{10} 年均浓度二级标准以上城市人口的比例见图 4-2。

---

① 本书地图已于 2009 年发表时审过。於方，朱文泉，曹东，等. 青海省因草地生态破坏造成土壤流失的经济核算. 中国环境科学，2009，29（1）：90-94.

2007 年，东、中、西部 3 个地区的大气环境退化成本分别为 2 011.4 亿元、908.9 亿元和 696.4 亿元。大气环境退化成本最高的仍然是东部地区，占大气总环境退化成本的 55.6%，占东部地区 GDP 的 1.2%；中部和西部地区的大气环境退化成本分别占大气总环境退化成本的 25.1% 和 19.3%，这两个地区的大气环境退化成本分别占地区 GDP 的 1.4% 和 1.5%。大气环境退化成本占地区 GDP 的比例为 1.3%，与 2006 年基本持平。

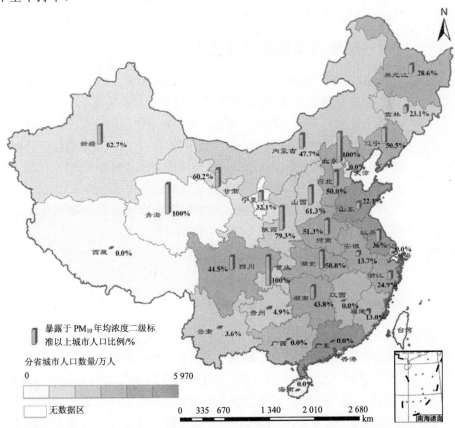

图 4-2　各省的城市人口数量与暴露于 PM_{10} 年均浓度二级标准以上城市人口的比例

4.3　固废污染退化成本

2007 年，全国工业固废侵占土地约新增 8 642.9 万 m^2，丧失土地的机会成本约为 46.3 亿元。生活垃圾侵占土地约新增 2 741.9 万 m^2，丧失的土地机会成本约为 18.8 亿元。两项合计，2007 年全国固体废物污染造成的环境退化成本为 65.1 亿元，占总环境退化成本的 0.89%，占当年地区合计 GDP 的比例也为 0.89%。

2007 年，东、中、西部 3 个地区的固废环境退化成本分别为 26.9 亿元、17.5 亿元和 20.8 亿元。2007 年东部地区取代西部地区成为固废环境退化成本最高的地区，占总固废环境退化成本的 41.3%，另外，西部和中部地区分别占总固废环境退化成本的 31.9%和 26.8%，东、中、西部 3 个地区的固废环境退化成本分别占地区 GDP 的 0.02%、0.03%和 0.04%。

4.4　环境污染事故经济损失

2007 年，全国共发生环境污染与破坏事故 462 起，污染事故造成的直接经济损失为 0.30 亿元，事故数量和损失比上年骤减，造成的损失比上年减少 77.6%。根据 2007 年《中国渔业生态环境状况公报》，2007 年全国共发生渔业污染事故 1442 次，造成直接经济损失 3.0 亿元，环境污染事故造成的天然渔业资源经济损失 53.9 亿元。两项合计，2007 年全国环境污染事故造成的损失成本为 57.2 亿元，比上年增加 17.0 亿元。环境污染事故退化成本占总环境退化成本的 0.78%，占当年地区合计 GDP 的 0.78%。

4.5　环境退化成本综合分析

4.5.1　环境退化成本总量分析

2007 年，利用污染损失法核算的环境退化成本为 7 334.1 亿元，比上年增加 826.4 亿元，增长了 12.7%，2007 年环境退化成本占地区合计 GDP 的 2.66%，占行业合计 GDP 的 2.94%。在环境退化成本中，水污染、大气污染、固废污染和污染事故造成的环境退化成本分别为 3 595.1 亿元、3 616.7 亿元、65.1 亿元和 57.2 亿元，分别占总退化成本的 49.0%、49.3%、0.9%和 0.8%。

4.5.2　地区环境退化成本分析

2007 年，不计污染事故损失的环境退化成本为 7 278.2 亿元。东、中、西部 3 个地区的环境退化成本分别为 3 816.5 亿元、1 883.0 亿元和 1 578.7 亿元，分别占总环境退化成本的 52.4%、25.9%和 21.7%。各地区的环境退化成本及其占各地区 GDP 的比例如图 4-3 所示。从图中可以看出，中部和西部地区环境退化成本占地区 GDP 的比例高于东部地区。

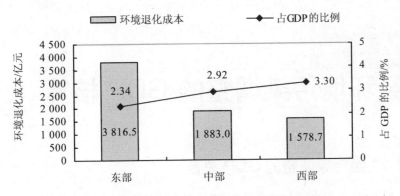

图 4-3 地区环境退化成本及其占各地区 GDP 的比例

2007 年，环境退化成本占 GDP 比例最高的前 4 个省份与上年相同，分别为宁夏（9.14%）、青海（8.27%）、甘肃（4.74%）、河北（3.80%），安徽取代陕西位列环境退化成本的第五位（3.58%），比例最低的 5 个省份依次是海南（1.35%）、山东（1.83%）、福建（1.93%）、湖北（2.0%）和新疆（2.09%）。与上年相比，宁夏等位列环境退化成本占 GDP 比例前列省份的比例较 2006 年稍有下降，海南等位列环境退化成本占 GDP 比例后位省份的比例较 2006 年稍有提高，各省之间的差距略有缩小。总体上来看，各省环境退化的形势与经济总量的增长趋势基本趋同，与上年相比，西部地区的环境退化形势稍有好转，占地区 GDP 的比例从 2006 年的 3.56% 降到 3.30%，高于总体降幅。但需要注意的是，中西部地区与东部地区经济总量与环境退化之间的"剪刀差"依然十分显著，在国家 4 万亿元投资需求的带动下，我国各地区 2008 年投资建设规模和速度空前高涨，在这种情况下应该密切关注东部企业受生产成本和环保高门槛等因素影响将高耗能、高污染产业向中西部地区转移，造成中西部地区环境退化进一步加重。

第5章

经环境污染调整的 GDP 核算

5.1 经污染调整的 GDP 总量

2007 年，全国行业合计 GDP（生产法）为 249 529.8 亿元，比上年增加 18.3%，全国虚拟治理成本为 4 355.6 亿元，比上年增加 5.9%，GDP 污染扣减指数为 1.7%，即虚拟治理成本占全国 GDP 的比例为 1.7%，与 2006 年的污染扣减指数 2.0% 相比，下降了 0.3%。

5.2 经污染调整的地区生产总值

2007 年核算结果表明，东、中、西部 3 个地区的 GDP 污染扣减指数分别为 1.11%、2.01% 和 2.61%，与上年相比，分别下降 0.11%、0.26% 和 0.47%。西部地区的经济水平和污染治理水平比 2006 年有一定提高，但总体来看仍然较低。在 30 个省市中，GDP 污染扣减指数列前五位的分别是宁夏（5.57%）、青海（5.01%）、广西（3.82%）、山西（3.06%）和贵州（2.78%），列后位的 5 个省市依次是上海（0.48%）、北京（0.59%）、天津（0.87%）、广东（0.89%）和浙江（0.92%），与上年相比基本没有变化。各地区 GDP 和 GDP 污染扣减指数如图 5-1 所示。

5.3 经污染调整的行业增加值

5.3.1 三大产业部门

从经环境污染调整的 GDP 产业部门核算结果来看，2007 年第一产业部门虚拟治理成本为 416.9 亿元，增加值污染扣减指数为 1.48%，与上年持平；第二产业虚拟治理成本为 2 169.7 亿元，增加值污染扣减指数为 1.79%，比上年减少 0.38%；第三产业虚拟治理成本为

1 769.05 元，增加值污染扣减指数为 1.75%，比上年减少 0.07%。三大产业虚拟治理成本及占其增加值的比例如图 5-2 所示。

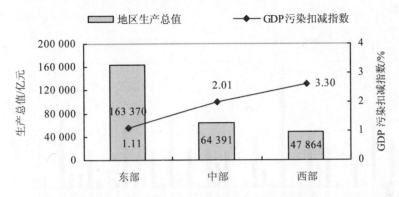

图 5-1 各地区的 GDP 及 GDP 污染扣减指数

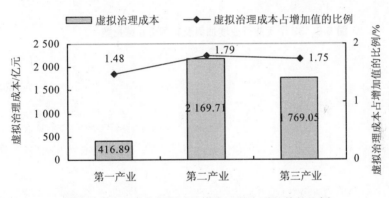

图 5-2 三大产业虚拟治理成本及其占增加值的比例

5.3.2 39 个工业行业

核算结果表明，2007 年增加值污染扣减指数最高的 3 个行业仍然是造纸和电力等行业，两个行业的污染扣减指数分别为 24.2%和 8.1%，其中虽然造纸和电力行业分别比上年降低 4.4%和 1.0%，但这些行业经济与环境效益比低、污染严重的状况并没有改善。造纸、电力、采矿、饮料制造、食品加工与制造、化工、冶金等高污染、高消耗行业依然在持续增长，高居污染扣减指数的前列。

从各工业行业来看，增加值污染扣减指数最低的行业是烟草制品业，扣减指数为 0.04%；其次为电气机械业、自来水生产供应业和通信计算机设备制造业，扣减指数分别为 0.05%、0.06%和 0.07%，这些行业的环境污染程度相对较小。39 个行业的污染扣减指数如图 5-3 所示。

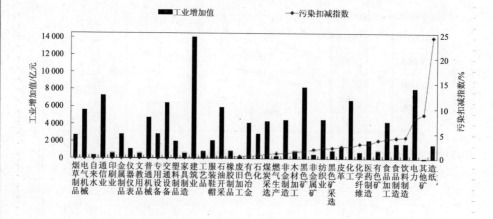

图 5-3 39 个工业行业增加值及其污染扣减指数

第二部分
中国环境经济核算研究报告
2008

第 6 章

引 言

自 1978 年中国改革开放 30 多年以来，我国的 GDP 以平均每年 9.8%的速度增长，创造了现代世界经济发展的奇迹。但是，以 GDP 为导向的粗放经济发展带来了严重的环境污染和生态破坏，特别是目前在我国 GDP 还是干部考核的最重要指标，更加激励了各地单纯追求经济增长而忽视环境保护的行为。

虽然我国政府在环境保护方面做出了很多努力，但是伴随着经济增长，环境污染与破坏的趋势尚未得到根本性扭转，局部地区甚至仍在加重，环境污染不但给公众的健康与环境福利带来负面影响，同时也正在抵消和损耗着过去 30 年的经济社会发展成果。目前，我国几乎所有的污染物排放量都是全世界第一。2001 年诺贝尔经济学奖得主哥伦比亚大学 Joseph E. Stiglitz 教授就指出："中国在评价市场经济时，应该采取远远比 GDP 更大的概念，有社会公平、贫富差距，并要强调环保问题。衡量国内生产总值，要扣除掉环境恶化的部分"。

在这种形势下，我国政府提出了坚持以人为本、全面、协调、可持续的科学发展观，以科学发展观统领社会经济发展，党中央、国务院领导多次对推进绿色国民经济核算体系研究、完善经济发展评价体系做出重要指示。正是在这种背景下，原国家环境保护总局和国家统计局联合开展了绿色国民经济核算（绿色 GDP）的研究。这个研究的主要目的就是核算经济增长的生态环境代价，让政府和公众真正了解生态环境代价的大小和分布，并提供一个能促进从"经济增长"到"经济发展"转变的有效工具，实现经济的"又好又快"发展。

考虑到目前开展的核算与完整的绿色国民经济核算还有差距，从 2005 年这项研究更名为"环境经济核算研究"，研究报告名称也调整为《中国环境经济核算研究报告》。目前，以环境保护部环境规划院为代表的技术组已经完成了 2004—2008 年共 5 年的全国环境经济核

算研究报告,标志着基于环境污染的绿色国民经济年度核算报告制度
已经初步形成。5 年的核算结果表明,我国经济发展造成的环境污染
代价持续增长,环境污染治理和生态破坏压力日益增大,5 年间的环
境退化成本从 5 118.2 亿元提高到 8 947.6 亿元,增长了 74.8%;虚拟
治理成本从 2 874.4 亿元提高到 5 043.1 亿元,增长了 75.4%;同时,
对我国 2008 年的森林、湿地、草地和矿产开发(地下水资源破坏和
地质灾害)的生态破坏损失核算结果表明,4 项生态破坏损失约达到
3 798.2 亿元。2008 年环境退化成本和生态破坏损失成本合计为
12 745.7 亿元,约占当年 GDP 的 3.9%。

需要注意的是,为了充分保证核算结果的科学性,目前的核算方
法不够成熟的以及基础数据不具备的环境污染损失和生态破坏损失
项没有计算在内,因此核算结果是不完整的环境污染和生态破坏损失
代价。完整的环境经济核算包括环境污染损失核算和生态破坏损失核
算两部分,本研究报告中的环境污染损失核算,主要包括环境污染实
物量和价值量核算,价值量核算采用治理成本法和污染损失法分别得
到环境污染虚拟治理成本和环境退化成本,其中,环境退化成本存在
核算范围不全面、核算结果偏低的问题。生态破坏损失仅包括森林、
湿地、草地和矿产开发造成的地下水破坏和地质塌陷等的生态破坏经
济损失,耕地和海洋生态系统由于基础数据缺乏,没有核算在内,已
经核算出的损失也未涵盖所有应计算的生态服务功能损失。

专栏 6.1 2008 年环境经济核算内容

2008 年的环境经济核算在近期环境经济核算框架的基础上增加了碳排放
核算和生态破坏损失核算内容,共包括四个部分:①环境污染实物量核算。运
用实物单位建立不同层次的实物量账户,描述与经济活动对应的各类污染物的
产生量、去除量(处理量)、排放量等,具体分为水污染、大气污染和固体废
物实物量核算。在 2008 年的实物量账户中,增加了经济增长与污染排放的协调
性分析、碳排放账户核算以及污染物减排账户核算;②环境污染价值量核算。
环境污染价值量核算包括污染物虚拟治理成本和环境退化成本核算,分别采用
治理成本法和污染损失法,其中虚拟治理成本基于数据污染实物量核算账户核
算得出,也分为水污染、大气污染和固体废物治理成本。目前的环境污染价值
量核算结果不包括碳排放造成的经济损失;③生态破坏损失核算。利用专项调

查与遥感技术相结合的方法建立生态系统破坏的实物量账户，并通过价值评估技术将生态破坏实物量折算生态破坏经济损失。2008 年仅核算了森林、湿地、草地以及矿产开发造成的地下水破坏和地质灾害损失等生态破坏损失；④经环境污染和生态破坏调整的 GDP 核算。

由于 2004—2008 年对环境经济核算的范围和部分技术参数进行了局部的更新调整，因此，从局部来看，部分核算结果不可比；但从总体来看，5 年的环境污染实物量和价值量的核算思路、核算范围、核算内容以及核算方法基本相同，核算结果具有可比性；同时，2008 年新增了生态破坏损失的内容。而且经过 5～6 年的试点以及核算工作的开展，环境经济核算方法与技术体系正在日趋完善，初步形成了年度环境经济核算制度。

专栏 6.2　2008 年环境经济核算数据来源

2008 年的核算以环境统计和其他相关统计为依据，就 2008 年全国 31 个省市和各产业部门的水污染、大气污染和固体废物污染的实物量和虚拟治理成本进行了全面核算，得出了经环境污染调整的 GDP 核算结果以及全国 30 个省市（西藏自治区数据不全，未包括在内）的环境退化成本、生态破坏损失及其占 GDP 的比例。本报告基础数据来源包括《中国环境统计年报 2008》《中国统计年鉴 2009》《中国城市建设统计年鉴 2008》《中国能源统计年鉴 2009》《中国卫生统计年鉴 2009》《中国乡镇企业年鉴 2009》《中国卫生服务调查研究——第三次国家卫生服务调查分析报告》《中国畜牧业年鉴 2009》《全国环境质量报告书 2008》以及 30 个省市的 2008 年度统计年鉴，环境质量数据和环境统计基表数据由中国环境监测总站提供。

生态破坏损失核算基础数据主要来源于全国第 7 次（2004—2008 年）和第 6 次（1999—2003 年）森林资源清查、全国湿地资源调查（1995—2003 年）、全国矿山地质环境调查（2002—2007 年）、全国第三次荒漠化调查（2004—2005 年）、全国 674 个气象站点数据、中国农业科学院 MODIS/NDVI 遥感数据、《中国土壤志》、美国 NASA 网站数字高程数据、全国草原监测报告、国家价格监测中心、芝加哥温室气体交易所碳排放交易价格、市场调查以及相关研究数据。

专栏 6.3　环境污染实物量核算

　　环境污染实物量核算是以环境统计为基础，综合核算全口径的主要污染物产生量、削减量和排放量。核算口径较目前的统计数据更加全面，更能全面地反映主要环境污染物的排放情况。2008 年农业源实物量核算基于全国第一次污染源数据对相关参数进行了更新调整，核算结果与往年有一定差距；新增加的碳排放账户主要基于能源消费量与 IPCC 提供的碳排放因子与中国能源品种低位发热量数据核算获得；环境质量和环保投入账户主要采用环境统计和环境质量监测数据。

第7章

经济增长与污染排放

7.1 污染排放强度与污染排放[①]

7.1.1 污染排放强度

1990—2008 年，我国 SO_2、COD、CO_2 排放强度均呈现明显下降趋势。其中 SO_2 排放强度由 1990 年的 80.0 kg/万元下降至 2008 年的 6.5 kg/万元，年均下降 12%。COD 排放强度由 1990 年的 84.0 kg/万元下降至 2008 年的 4.36 kg/万元，年均下降 14%。CO_2 排放强度由 1990 年的 12 862 kg/万元下降至 2008 年的 2 409 kg/万元，年均下降 9%（图 7-1a）。

专栏 7.1　名词解释

污染物排放强度：污染物排放量与国内生产总值（GDP）的比值

污染物产生强度：污染物产生量与国内生产总值（GDP）的比值

工业行业污染物排放强度：工业行业污染物排放量与工业行业生产总值的比值

工业行业污染物产生强度：工业行业污染物产生量与工业行业生产总值的比值

地区废水排放达标率＝（工业废水排放达标量＋生活污水处理量）/（工业废水排放量＋生活污水排放量）

---

① 本节数据主要来自中国统计年鉴和中国环境统计年鉴。

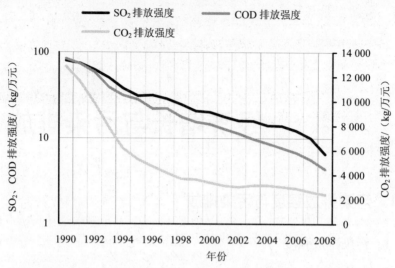

图 7-1a　SO₂、COD、CO₂ 排放强度

注：CO₂ 排放强度对应右侧坐标轴。

数据来源：中国统计年鉴（1991—2009）；

　　　　　中国环境年鉴（1991—2009）；

　　　　　中国环境统计年报（2005—2009）；

　　　　　CO₂ 排放强度来自 IEA 报告。

专栏 7.2　本报告采用的行业简称

电力——电力、热力的生产和供应业

非金制造——非金属矿物制品业

化工——化学原料及化学制品制造业

钢铁——黑色金属冶炼及压延加工业

有色冶金——有色金属冶炼压延加工业

石化——石油加工、焦炼加工业

造纸——造纸及纸制品业

食品加工——农副食品加工业

饮料制造——饮料制造业

纺织——纺织业

采掘业——煤炭、石油、天然气、黑色金属以及有色金属采掘业

7.1.2　经济总量与污染排放

（1）1996—2008 年，我国经济发展迅速，全国 GDP 增长趋势显著，年均增长率达到 11.7%。同期，我国主要污染物（SO_2、COD、烟尘）总排放量呈反复趋势。2002—2005 年，主要污染物排放量都有不同程度增加，"十一五"期间污染物总量减排政策发挥积极作用，2006 年之后 SO_2、烟尘等大气污染物排放量呈逐年下降趋势，COD 排放量也从 2007 年后开始下降（7-1b）。

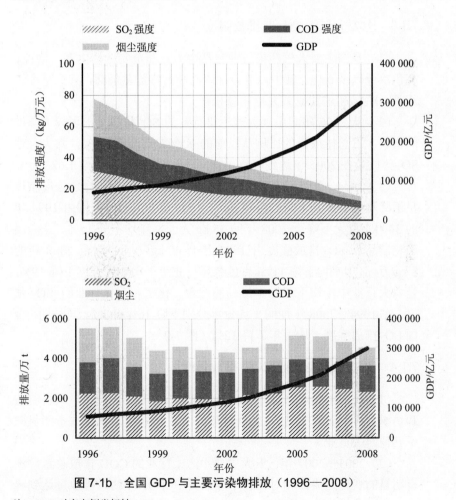

图 7-1b　全国 GDP 与主要污染物排放（1996—2008）

注：GDP 对应右侧坐标轴。

数据来源：中国统计年鉴（1997—2009）；

　　　　　中国环境年鉴（1997—2009）。

（2）分析原因，2002—2005 年，我国经济发展速度较快，能源消耗总量持续增长；尽管在此期间建设的火电装机容量大多配套建设了脱硫设施，但投运率不高；部分项目的污染防治设施未同步建成或同步运行；城市化进程加快，污水排放量增加，部分城市污水集中处理厂及配套管网未能按计划建设或投入运行。

（3）同时期，我国主要污染物排放强度逐年降低。1996 年，我国主要污染物合计排放强度为 78 kg/万元，而 2008 年仅为 15 kg/万元，平均每年下降 12%。

7.1.3　主要大气污染行业排放强度

（1）我国主要大气污染行业包括电力、非金制造、化工、钢铁、有色冶金以及石化。其中，电力行业的 SO_2 排放量最高，其贡献率约达到 60%，超过其他五大行业总和。

（2）从 2005 年起主要大气污染行业的 SO_2 排放量出现较大幅度的增长，占总排放量的比例从以前的 85% 左右增至 88%，六大行业 SO_2 排放量在 2006 年达到峰值 1 787 万 t，到 2008 年降至 1 622 万 t。

（3）1994—2008 年，我国主要大气污染行业 SO_2 排放强度整体呈下降趋势，并且下降趋势明显。电力行业 SO_2 排放强度由 1994 年的 340 kg/万元下降至 2008 年的 35 kg/万元，年均下降 15%。非金属矿物制品业 SO_2 排放强度由 1994 年的 40 kg/万元下降至 2008 年的 8 kg/万元，年平均下降 11%。有色金属行业年平均 SO_2 强度下降 18%，是六大行业中年均下降比率最高的行业。化工和石化行业的 SO_2 强度，在 1994—2008 年期间平均每年分别下降 16% 和 7%。同时期，全国 SO_2 排放强度平均每年下降 12%（图 7-2）。

7.1.4　主要水污染行业 COD 排放强度

（1）我国主要水污染行业包括造纸、食品加工、化工、饮料制造和纺织。其中造纸业属于 COD 排放的"第一梯队"，其排放量明显高于其他四大行业。

（2）2003—2007 年，五大主要水污染行业的 COD 排放总量并没有明显的变化趋势，相对比较平缓。其中 2005 年的总排放量达到峰值 333 万 t。此后五大行业总 COD 排放量缓慢下降，到 2008 年达到 283 万 t（图 7-3）。

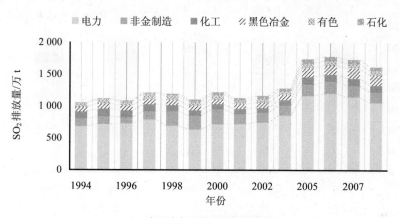

主要大气污染行业 SO₂ 排放量

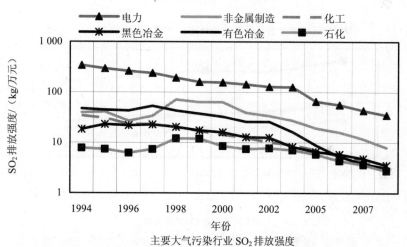

主要大气污染行业 SO₂ 排放强度

图 7-2 主要大气污染行业 SO₂ 排放情况（1994—2008 年）

数据来源：中国统计年鉴（1995—2009）；

中国环境年鉴（1995—2009）。

（3）2003—2008 年，我国主要水污染行业 COD 排放强度整体呈下降趋势。其中排放量最高的造纸行业由 2003 年的 60.4 kg/万元下降至 2008 年的 16 kg/万元，年均下降 16%。食品加工行业排放强度由 2003 年的 10.4 kg/万元下降至 2008 年的 2.5 kg/万元，年均下降 21%，是下降幅度最大的行业。化工行业、饮料制造业、纺织业 COD 排放强度在此期间平均每年下降 20%、16%、12%。同期我国 COD 排放强度年均下降 13%（图 7-3）。

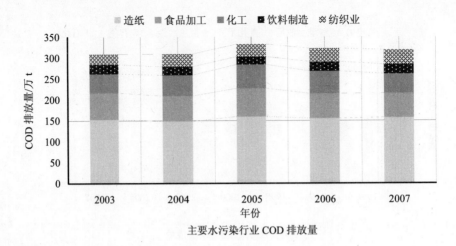

主要水污染行业 COD 排放量

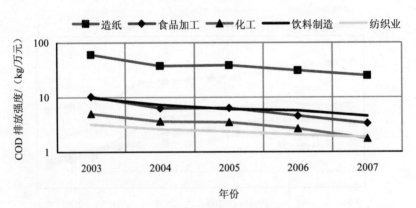

主要水污染行业 COD 排放强度

图 7-3　主要水污染行业 COD 排放强度变化（2003—2007 年）

数据来源：中国统计年鉴（2004—2009）；

　　　　　中国环境统计年报（2004—2009）。

7.1.5　工业固废产生与排放强度

（1）我国工业固体废弃物产生强度在 2000—2008 年总体呈下降趋势，其间仅 2005 年有小幅增加，说明工业生产的整体物耗水平呈下降趋势。工业固体废弃物产生强度由 2000 年的 2038 kg/万元下降至 2008 年的 1473 kg/t。9 年间，工业固体废弃物产生强度下降了 27.7%，年均下降 3.5%（图 7-4）。

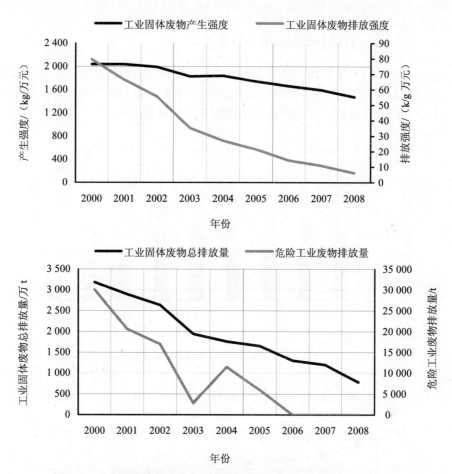

图7-4 工业固体废物产生与排放强度（2000—2008年）

注：上图工业固废排放强度对应右侧坐标轴，下图危险工业废物对应右侧坐标轴。

数据来源：中国统计年鉴（2001—2009）；

中国环境年鉴（2001—2009）。

（2）我国工业固体废弃物排放强度在 2000—2008 年总体呈下降趋势，且下降幅度明显。2000 年，我国工业固废排放强度为 80 kg/万元，而 2008 年的排放强度仅为 6 kg/万元。9 年间，工业固废排放强度下降了 92.5%，年均下降 25%（图7-4）。

（3）我国工业固体废弃物总排放量在 2000—2008 年整体呈下降趋势，并且趋势显著。从 2000 年的 3 186 万 t 下降至 2008 年的 781 万 t，年均下降 14%。同时危险废弃物排放量也呈现下降趋势，并且在 2006 年之后基本上实现了危险废弃物零排放（图 7-4）。

7.1.6　主要工业固废排放行业

（1）采掘业（包括煤炭、石油、天然气、黑色金属以及有色金属采掘业）、电力、钢铁、有色冶金与化工业是主要的固废产生及排放行业，大约占工业固废总产生量和排放量的 80%。

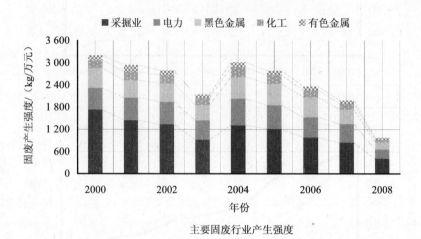

主要固废行业产生强度

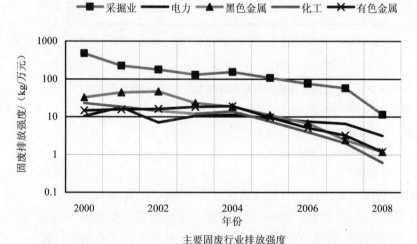

主要固废行业排放强度

图 7-5　主要工业固废行业产生与排放强度（2000—2008 年）

数据来源：中国统计年鉴（2001—2009）；

　　　　　中国环境年鉴（2001—2009）。

（2）主要工业固废行业产生强度在 2000—2003 年呈下降趋势，其中 2003 年出现较大幅度的下降，从 2000 年的 3 203 kg/万元下降至 2 149 kg/万元，但 2004 年出现反弹，达到 3 015 kg/万元，此后固废产生强度呈逐年下降趋势，2008 年工业固废产生强度已降至 977 kg/万元，比 2004 年下降 68%。2000—2008 年主要工业固废行业产生强度年均下降 12%（图 7-5）。

（3）主要工业固废行业排放强度在 2000—2008 年总体呈下降趋势。采掘业是固废排放强度最高的行业，2000 年采掘业固废排放强度为 113 kg/万元，而 2008 年为 2.4 kg/万元，年均下降 35%。电力行业由 2000 年的 2.1 kg/万元下降至 2008 年的 0.6 kg/万元。钢铁行业由 2000 年的 6.9 kg/万元下降至 2008 年的 0.3 kg/万元。化工行业由 2000 年的 5.9 kg/万元下降至 2008 年的 0.13 kg/万元。有色金属行业从 2000 年的 1.4 kg/万元下降至 2008 年的 0.15 kg/万元（图 7-5）。

7.1.7　31 个省区大气污染排放强度

2000—2008 年，我国 31 个省份中除青海省外，SO_2 排放强度均呈下降趋势。从图 7-6 可以看出，我国各省份 SO_2 排放强度差异较为明显。SO_2 排放强度比较高的省份包括贵州、宁夏、山西和内蒙古；SO_2 排放强度比较低的地区有西藏、海南和福建等。北京是 2000—2008 年 SO_2 排放强度下降最快的地区，从 2000 年的 9 kg/万元下降至 2008 年的 1.2 kg/万元，年均下降 20%；而青海省的 SO_2 排放强度在这一段时期中呈反复趋势，2000 年青海省 SO_2 排放强度为 12 kg/万元，2005 年达到峰值 23 kg/万元，2008 年排放强度为 14 kg/万元，比 2000 年增加 17%（图 7-6）。

7.1.8　31 个省区 COD 排放强度

2000—2008 年，我国 31 个省份的 COD 排放强度整体呈下降趋势。宁夏和广西是我国 COD 排放强度最高的两个省份，以 2000 年为例，宁夏和广西的 COD 排放强度分别为 66 kg/万元和 50 kg/万元，明显高于其他省份，到 2008 年，宁夏 COD 排放强度下降至 12 kg/万元，年均下降 17%；2008 年，广西 COD 排放强度下降至 14 kg/万元，年均下降 13%（图 7-7）。

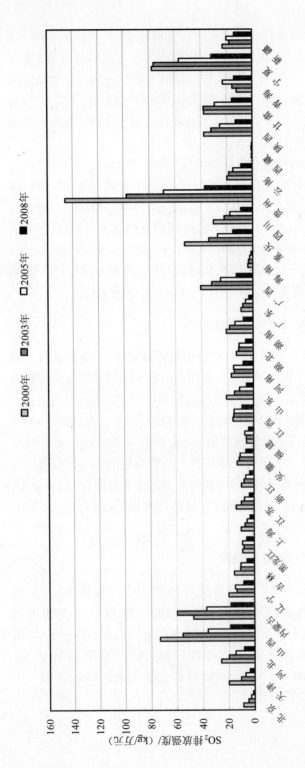

图 7-6　31 个省区 SO$_2$ 排放强度变化（2000—2008 年）

数据来源：中国统计年鉴（2001—2009）；
　　　　　中国环境年鉴（2001—2009）。

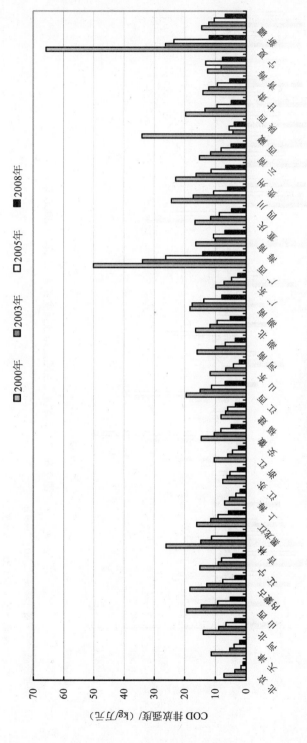

图 7-7　31 个省区 COD 排放强度变化（2000—2008 年）

数据来源：中国统计年鉴（2001—2009）；
　　　　　中国环境年鉴（2001—2009）。

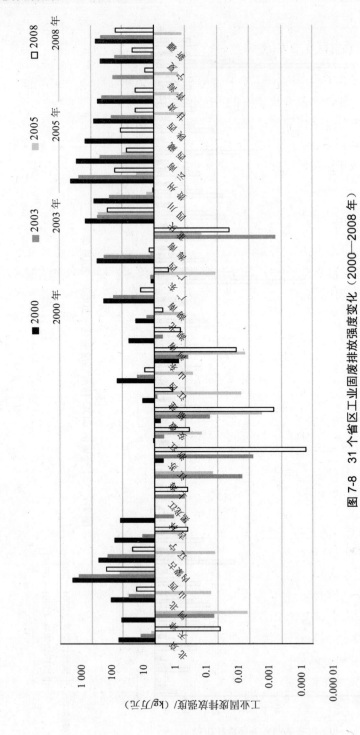

图 7-8　31 个省区工业固废排放强度变化（2000—2008 年）

数据来源：中国统计年鉴（2001—2009）；
　　　　　中国环境年鉴（2001—2009）。

7.1.9　31 个省区工业固废排放强度

2000—2008 年，我国 31 个省份的工业排放强度整体呈下降趋势。我国固体废物排放强度比较高的省份包括山西、贵州、云南等矿业资源大省，而固废排放强度比较低的省份包括江苏、安徽、海南等。在图 7-8 中可以看出，部分省份的固废排放强度变化较大，尤其 2005 年的数据与其他年份差异巨大，这反映出固废的环境统计数据存在一定问题。

7.2　水污染排放：2008 年[①]

为减少水污染排放，我国制定了国家"十一五"重点流域水污染防治战略规划，并提出 COD 减排 10% 的"十一五"减排目标。到 2008 年，减排措施初见成效，工业和城镇生活 COD 排放量为 1 482.6 万 t，比 2005 年减少 9.8%。

根据核算结果，2008 年我国废水排放量为 807.2 亿 t，比 2005 年增加了 24%。COD 排放量为 2 880.8 万 t，NH_3-N 排放量为 211.5 万 t，石油类排放量为 7.7 万 t，氰化物排放量为 0.29 万 t。在 COD 排放量中，农业 COD 排放量为 1 125.8 万 t，占 COD 排放量的 39%，工业 COD 排放量为 619.5 万 t，农业已成为 COD 的主要排放源，应引起高度重视。

专栏 7.3　水污染排放核算方法与数据来源

水污染核算范围为种植业、畜牧业、工业行业、第三产业废水和城镇农村生活废水。核算对象为废水和废水中的主要污染物，包括 COD、NH_3-N、TP、TN、石油类、重金属和氰化物。

农业水污染排放量采用排放系数法计算。其中，种植业废水排放量通过灌溉用水量、耗水系数和流失系数计算；种植业污染物排放量通过播种面积、源强系数和流失系数计算；规模化畜禽养殖的废水排放量通过规模化畜禽养殖量、废水产生系数、废水流失系数进行计算；规模化畜禽养殖的污染物排放量通过规模化养殖量、排泄系数、流失系数、污染物去除率等指标计算。

---

① 本节数据来源于环境实物量核算结果。

农业水污染排放核算的基础数据来源于《中国畜牧业年鉴》《中国农业年鉴》、全国第一次污染源普查等。

工业废水排放以环境统计中各地区的工业废水排放量和各行业的废水排放量结构为基准，并根据环境统计与全国第一次污染源普查基础数据修正环境统计中的排放达标率，核算获得。工业水污染排放基础数据来源于《中国环境统计年报》与全国第一次污染源普查。

城镇生活废水与 COD 和 NH_3-N 排放量数据主要来自环境统计年报，TN 和 TP 排放量通过人均源强系数计算获得；农村生活水污染排放量利用人均综合生活废水和污染物产生系数法、沼气化率进行推算。生活水污染排放基础数据来源于《中国统计年鉴》、水利公报、《中国环境统计年报》、全国第一次污染源普查以及其他文献。

7.2.1 水污染排放

（1）根据核算，我国废水排放量仍然呈逐年增长趋势。废水排放量从 2004 年的 607.2 亿 t 上升到 2008 年的 807.2 亿 t，年均增速为 5.9%（图 7-9）。

（2）根据核算，2008 年工业和生活的 COD 排放量合计为 1 482.6 万 t，比 2007 年减少 3.5%。如果把农业 COD 排放量也计算在内，2008 年 COD 排放量达到 2 881 万 t。"十二五"期间如果考虑农业 COD 排放量，需要全面考虑 COD 减排潜力，科学测算 COD 减排目标。

（3）农业是 COD 排放的主要来源。2008 年，农业的 COD 排放量占总 COD 排放量的 39%。其次是第二产业，其排放量所占比重为 22%（图 7-10）。

（4）目前我国对农业面源污染的重视程度不够，缺乏有效的治理措施。农业面源污染造成的湖泊富营养化现象已引起极大关注，尤其是在太湖、巢湖、滇池富营养化相对严重的流域，如何从源头控制我国农业面源污染是今后污染防治亟待破解的问题。

（5）环境统计只对工业和城镇生活的 COD 和 NH_3-N 排放量进行统计，而环境核算还对农业和农村生活的 COD 和 NH_3-N 进行了计算，因此，核算的结果大于统计数据。2008 年，统计的 COD 排放量为 1 320.7 万 t，NH_3-N 排放量为 127 万 t，而核算的 COD 排放量为 2 880.8 万 t，NH_3-N 排放量为 211.5 万 t，核算结果分别是统计数据的 2.2 倍和 1.7 倍（图 7-11）。

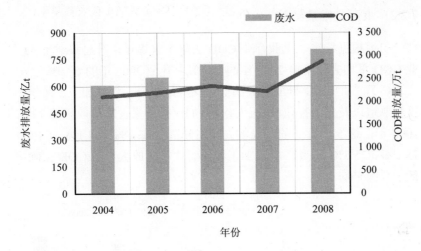

图 7-9 核算废水和 COD 排放量

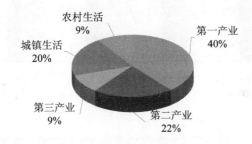

图 7-10 不同排放源的 COD 排放比重

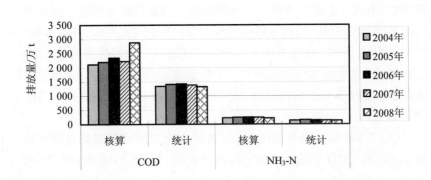

图 7-11 不同数据源的 COD 和 NH₃-N 排放量

7.2.2 水污染排放绩效

（1）根据核算，工业行业 COD 去除率呈逐年上升趋势，工业行业 COD 平均去除率由 2005 年的 58.9%上升至 2008 年的 68.0%。

（2）工业 COD 排放量大的行业主要是造纸、食品加工、纺织、饮料制造以及化工行业，这五大行业 COD 排放量占总排放量的 75%。2008 年，这 5 个行业的污染物去除率分别为 63.8%、64.1%、68%、75.2%和 75.7%，造纸、食品加工和纺织业等排放大户的 COD 去除率低于全国平均水平（图 7-12）。

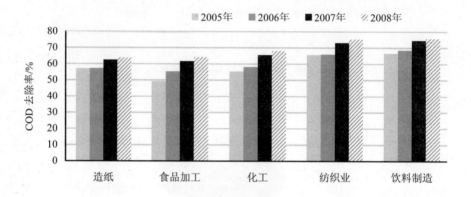

图 7-12　主要 COD 排放行业的 COD 去除率

（3）从空间格局看，东部沿海地区的废水排放达标率较高，达到 72.5%。上海、北京、天津、山东等废水排放达标率高的省份都位于东部地区。西部地区的废水排放达标率相对较低，仅为 58.9%，西藏、贵州、青海、新疆、甘肃等废水排放达标率低的省份都位于西部地区。总体来看，工业废水排放达标率高于生活废水排放达标率，东部地区废水排放达标率高于西部地区，需加大对西部地区废水治理投资力度（图 7-13）。

（4）2008 年全国平均 COD 的去除率为 72%，氨氮的去除率为 48%。其中，COD 去除率列前三位的是山东（83.3%）、北京（85.7%）、天津（84.4%），后三位的是贵州（31.5%）、云南（55%）、湖南（57%）；氨氮去除率列前三位的是北京（76.6%）、山东（67.6%）、浙江（64.7%），后三位的是青海（15.5%）、贵州（15.3%）、西藏（0.9%）（图 7-14）。

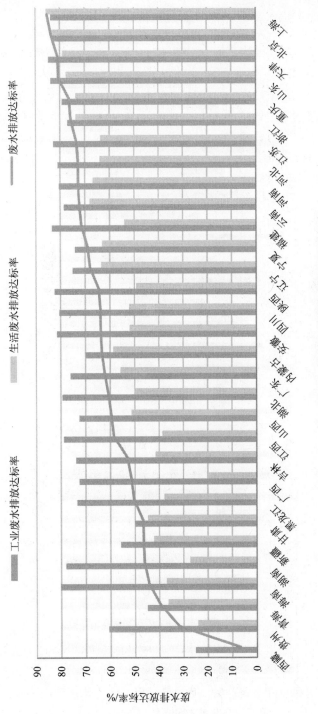

图 7-13　2008 年 31 个省市自治区废水排放达标率

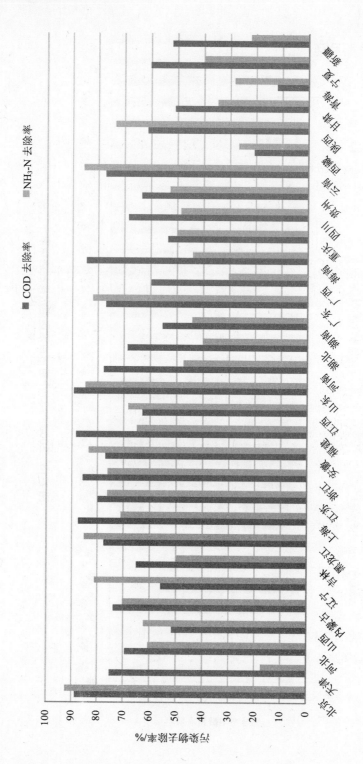

图 7-14　2008 年 31 个省市自治区污染物去除率

7.3　大气污染排放：2008 年

随着我国大型发电机组脱硫设施的安装，我国 SO_2 排放量呈快速下降趋势，根据 2008 年核算结果，全国 SO_2 排放量为 2 230 万 t，比 2007 年减少 8.4%。同时，我国烟尘和工业粉尘排放量也呈下降趋势，2008 年烟尘排放量和工业粉尘排放量分别为 901.6 万 t、584.9 万 t，比 2007 年减少 8.6%、16.3%。但因工业脱硝设施的不足和我国汽车拥有量的增加，导致我国 NO_x 排放量呈上升趋势。2008 年，我国 NO_x 排放量为 2 494.2 万 t，比 2007 年增加 5%。

7.3.1　大气污染排放

（1）随着我国大型发电机组脱硫设施的安装以及正常运转，全国 SO_2 排放量呈下降趋势。2008 年 SO_2 排放量为 2 323.5 万 t，比 2007 年下降 4.6%。

（2）由于工业脱硝设施严重不足，同时我国汽车拥有量逐年增加，造成我国 NO_x 排放量呈明显上升趋势，根据核算，2008 年 NO_x 排放量为 2 494.2 万 t，与 2004 年相比增加了 51%。

（3）我国工业粉尘和烟尘的排放量都呈下降趋势。工业粉尘排放量从 2004 年的 905.1 万 t 下降至 2008 年的 584.9 万 t，降低了 35.4%。烟尘排放量从 2004 年的 1 095.5 万 t 下降至 2008 年的 901.6 万 t，降低 17.7%（图 7-15）。

（4）工业是 SO_2 排放量的主要贡献行业。2008 年，第二产业 SO_2 排放量占总 SO_2 排放量的 92%。第一产业以及第三产业和生活分别仅占 5% 和 3%（图 7-16）。

（5）在第二产业中，电力生产、非金制造、黑色冶金、化工、有色冶金、石化等行业是 SO_2 排放的主要行业，这 6 个行业的排放量之和占总排放量的 85.8%。

（6）核算的 NO_x 和 SO_2 排放量都大于环境统计数据。其中，核算和统计的 NO_x 排放量差距较大，核算的 NO_x 排放量为 2 494 万 t，统计的为 1 624.3 万 t，核算是环境统计的 1.5 倍（图 7-17）。

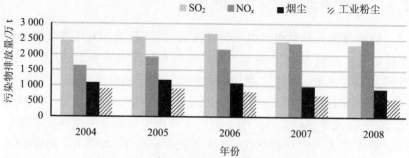

图 7-15　2004—2008 年大气污染物排放量

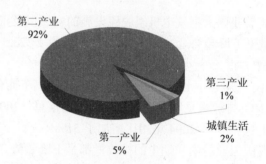

图 7-16　2008 年 SO_2 排放来源

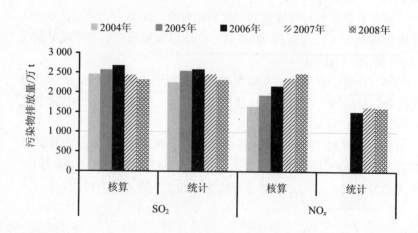

图 7-17　不同年份的 SO_2 和 NO_x 排放量

7.3.2　大气污染排放绩效

（1）2008 年，我国工业 SO_2 去除率为 60.8%，比 2007 年增加 12%，大气污染 SO_2 去除率显著提高。其中，有色冶金和石油加工业的去除率较高，分别为 95% 和 84%。

（2）电力生产、非金制造、黑色冶金、化工、有色冶金、石油加工等行业的 SO_2 去除率分别为 47%、23%、35%、57%、95%、84%。其中，电力生产、非金制造、黑色冶金和化工四大行业的 SO_2 去除率都低于全国平均水平。从环境减排绩效的角度看，这四大行业应是 SO_2 减排的重点行业（图 7-18）。

（3）2008 年，我国工业的烟尘去除率为 97.8%，比 2007 年提高 1%。其中，石油开采业与塑料制品业的烟尘去除率增速最快，分别增加了 18.7% 和 11.4%。

（4）电力生产、非金制造、黑色冶金、化工、煤炭采选、石油加工等行业是我国烟尘排放量的主要行业，其排放量比重为 78.7%。这些行业的烟尘去除率分别为 99%、86%、96%、94%、86%、92%。除电力生产外，其他行业的烟尘去除率都低于全国平均值（图 7-19）。

（5）我国工业行业 NO_x 去除率仍然很低，2008 年去除率仅为 5%。电力生产、黑色冶金、化工制造、非金制造、造纸业、煤炭采选业等 NO_x 排放大户，其去除率都低于 10%（图 7-20）。

（6）总体来看，虽然 2008 年我国 SO_2 治理水平有所提高，但 NO_x 治理水平依然较低，未来我国大气污染治理任务依然非常艰巨。

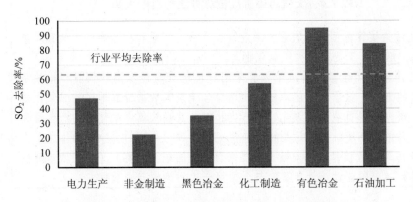

图 7-18　2008 年主要大气污染行业 SO_2 去除率

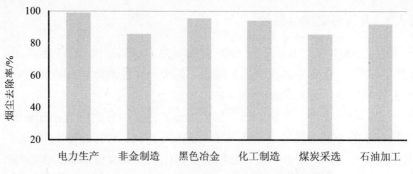

图 7-19 2008 年主要大气污染行业烟尘去除率

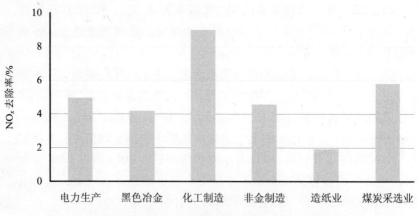

图 7-20 2008 年主要大气污染行业 NO_x 去除率

专栏 7.4 大气污染排放核算方法与数据来源

大气污染核算范围为：农业、工业行业、第三产业和生活废气。核算对象包括 SO_2、烟尘、工业粉尘和氮氧化物。

大气污染物产生量和排放量核算采用环境统计与能源消耗核算和排放系数相结合的方法。根据地区能源统计和燃煤含硫量等数据计算地区的二氧化硫产生量，根据不同行业的氮氧化物的产生和排放系数核算氮氧化物的产生量和排放量；并依据环境统计的污染物去除情况，核算污染物的去除量和排放量。

大气污染排放核算的基础数据主要来自《中国统计年鉴》《中国城市建设统计年鉴》《中国能源统计年鉴》与全国第一次污染源普查数据。

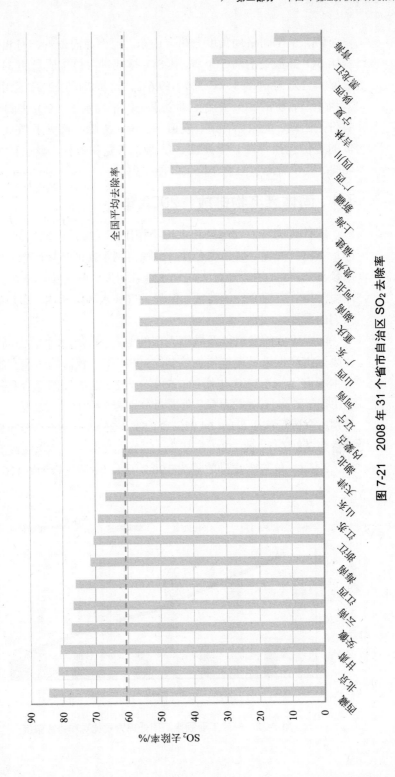

图 7-21 2008 年 31 个省市自治区 SO₂ 去除率

（7）从空间格局角度分析，山东、河南、内蒙古、河北、山西是我国 SO_2 排放量的前 5 个省，其 SO_2 排放量占总排放量的 31.1%，SO_2 去除率分别为 66.8%、57.5%、59.6%、52.8% 和 57.2%。除山东省外，其他 4 个省份的 SO_2 去除率都低于全国平均水平。SO_2 去除率最高的省份是西藏、北京、甘肃、安徽、云南，去除率都大于 76%。去除率低的省份包括青海、黑龙江、陕西、宁夏和吉林，其去除率都小于 43%，其中青海省只有 14.5%（图 7-21）。

7.4　固体废弃物排放：2008 年

固体废物与大气污染和水污染相比，其特性可概括为"三最"，即最难得到处置、最具综合性、最晚得到重视的环境问题。固体废物成分复杂，同时还会通过大气和水迁移引发大气污染和水污染，因此，固废污染具有综合性的特征，但与大气和水污染相比，却是最晚得到人们的重视。

随着工业的发展以及城镇人口的增多和生活水平的提高，我国固体废弃物产生量呈逐年增加趋势。2008 年，我国固体废弃物产生量为 18.9 亿 t，比 2007 年增加 7.5%。一般工业固废的综合利用量（含利用往年贮存量）、贮存量、处置量分别为 12.3 亿 t、2.2 亿 t、4.8 亿 t，分别占全国总产生量的 64.9%、11.5%、25.4%。2008 年固体废物排放量为 2.8 亿 t，比 2007 年减少 11.2%。其中，一般工业固废排放量为 2.2 亿 t，危险废物排放量为 196.2 万 t，生活垃圾为 6 116.8 万 t。

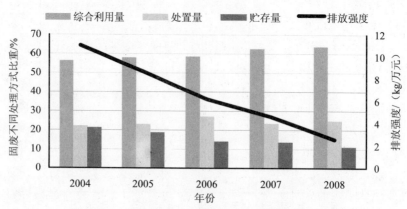

图 7-22　一般工业固废不同处理方式比重和排放强度

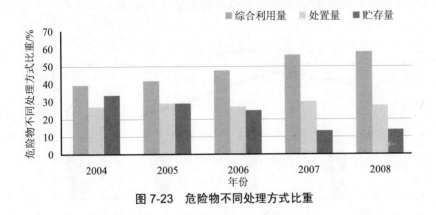

图 7-23 危险物不同处理方式比重

（1）工业固体废物产生量呈逐年增加趋势。我国工业固体废物产生量由 2004 年的 12.1 亿 t 上升到 2008 年的 19.0 亿 t，增加了 57.1%。其中，一般工业固废增加了 57.3%，危险废物增加了 36.3%。

（2）一般工业固废综合利用率明显提高。综合利用是工业固体废弃物最主要、也是增速最快的处理方式。一般工业固废的综合利用量从 2004 年的 6.8 亿 t 增加到 2008 年的 12.3 亿 t，增加了 82%。其在各种处理方式中的比例由 2004 年的 56% 上升到 2008 年的 64%（图 7-22）。危险废物的综合利用率由 2004 年的 39% 上升到 2008 年的 58%。说明我国工业固废的循环、加工和回收利用量在不断提高，资源循环利用程度不断增加（图 7-23）。

（3）工业固体废物的排放量呈逐年下降趋势。一般工业固废排放量从 2004 年的 1 760.8 万 t 下降到 2008 年的 782 万 t，降低了 55.5%。2008 年，危险废物实现了零排放。

（4）单位 GDP 的工业固废产生量和排放量都呈下降趋势。其中，单位 GDP 的工业固废产生量从 2004 年的 760 kg/万元下降到 2008 年的 630 kg/万元，工业固废产生量的增速低于 GDP 增速，物耗强度有所降低，生产环节的资源利用率得到有效提高。单位 GDP 的工业固废排放量从 2004 年的 11 kg/万元下降到 2008 年的 2.6 kg/万元，分别降低了 17.2% 和 76.6%。

（5）电力、冶金和采选是工业固废排放的主要行业，是提高工业固废排放绩效的关键。2008 年，这三大行业的工业固废排放量占总排放量的 79.4%，其中，电力的工业固废综合利用率为 78%，煤炭采选为 71%，金属冶炼为 76%，相对 2004 年分别增加了 6%、10% 和

8%，这些行业还有较大的固废综合利用提升空间。

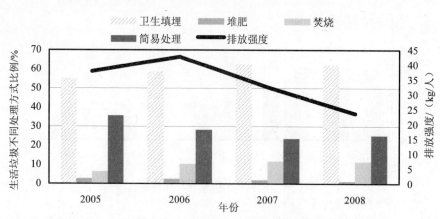

图 7-24　生活垃圾不同处理方式比例

（6）生活垃圾产生量逐年上升。生活垃圾产生量由 2005 年的 1.8 亿 t 上升到 2008 年的 1.9 亿 t，年均增速为 1.5%，高于人口的年均增速。

（7）生活垃圾的处理率增速不显著。2005 年生活垃圾处理率为 67%，2006 年下降到 58%，2008 年为 69%。其中，2005—2008 年的无害化处理率分别为 43%、41%、49%和 51%。

（8）卫生填埋是目前我国生活垃圾的主要处理方式。生活垃圾的卫生填埋比例逐年上升，由 2005 年的 55%上升到 2008 年的 62%。焚烧的比例也呈上升趋势，2005 年其比例为 6%，2008 年上升到 12%，增加了 1 倍左右。

（9）卫生填埋会使垃圾中的有机物发生厌氧分解，产生温室气体——甲烷，甲烷的温室效应是二氧化碳的 21 倍。《中国 21 世纪议程——中国 21 世纪人口、环境与发展白皮书》中把减少甲烷的排放途径作为实施温室气体排放控制手段之一。而我国生活垃圾的卫生填埋量仍以较高速度在增加，因此，应加强生活垃圾卫生填埋场所的甲烷收集与污染控制，严防垃圾填埋对地下水的污染和温室气体排放。

（10）生活垃圾排放量总体呈增加趋势。2005 年生活垃圾排放量为 6 029 万 t，2006 年上升到 7 859 万 t，增加了 30%，2007 年有所下降，为 6 927 万 t，2008 年为 6 117 万 t，比 2005 年增加 1.5%。人均生活垃圾排放量从 2005 年的 46.1 kg/人上升到 2006 年的 59.8 kg/人后，人均生活垃圾排放量有所下降，2008 年为 46 kg/人，与 2005 年基本持平（图 7-24）。

7.5 污染物减排账户：2005—2008 年[①]

我国"十一五"环境保护规划提出"十一五"期间 COD 和 SO_2 在 2005 年的基础上减排 10%的污染减排目标，并实施"区域限批"和"行政问责制"两项重要措施来保障减排目标的实现。

就 2009 年的减排形势来看，我国 SO_2 减排 13%，提前实现减排目标；COD 减排 9.6%，有望如期实现。值得一提的是，我国生活 COD 减排效果不佳，仅减排 2.5%；生活 COD 排放量占工业和生活总排放量的 65%，而且 2009 年之前，其排放量不减反增，由 2005 年的 859.5 万 t 上升到 2008 年的 863.1 万 t，2009 年其排放量下降为 837.8 万 t，因此，仍需要加大对生活废水的污染控制。

专栏 7.5　污染减排账户

污染减排是调整经济结构、转变发展方式、改善环境质量、解决区域性环境问题的重要手段。早在 2001 年，《国家环境保护"十五"规划》已提出污染物减排目标和方案，要求 2005 年，SO_2、尘（烟尘及工业粉尘）、COD、NH_3-N、工业固体废物等主要污染物排放量比 2000 年减少 10%。但是，这些目标多未实现，其中 COD 减排 2.1%，SO_2 则不降反增 27.8%。

为全面贯彻落实"十一五"减排目标，国家先后出台了一系列促进污染减排的环境经济政策，制定并实施了污染减排的管理制度，加大了污染减排的财政投入，加大治污工程建设，淘汰落后产能。

以 2005 年 COD 和 SO_2 排放量为基准，构建 2006—2009 年的污染减排账户。结果显示，我国 SO_2 减排目标提前实现，COD 减排目标有望如期实现。

（1）SO_2 提前实现减排目标。2006 年，我国 SO_2 比上年增排 4.4%，2007 年开始逐年减排，2007 年减排 5.2%，2008 年减排 8.9%，2009 年减排 13%，提前实现了"十一五"的减排目标（图 7-25）。

（2）COD 可望如期实现减排目标。2006 年 COD 增排 1%，2007 年 COD 减排 2.3%，2008 年减排 6.6%，2009 年减排 9.6%，2010 年 COD 实现减排目标的压力较小（图 7-25）。

---

① 本节数据来自中国环境统计年报。

（3）主要 SO$_2$ 排放行业减排效果参差不齐。2009 年我国工业行业 SO$_2$ 减排 286 万 t，减排 14.4%。其中，排放贡献度超过 50% 的电力生产业减排 12%，化工行业减排 5.8%，有色冶金减排 1.2%，石油化工减排 2.4%，非金属矿减排 4.5%，但排放量排名第二的黑色冶金不降反增，增排 5.9%（图 7-26）。

（4）工业行业 COD 减排力度大。2006 年工业行业 COD 减排 2.4%，2007 年减排 7.8%，2008 年减排 16%，2009 年减排 23%。如果按工业行业 COD 减排 10% 的目标看，工业行业提前达到减排目标（图 7-27）。

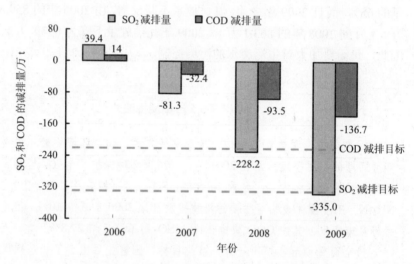

图 7-25　SO$_2$ 和 COD 相对 2005 年的减排量

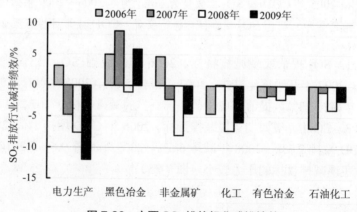

图 7-26　主要 SO$_2$ 排放行业减排绩效

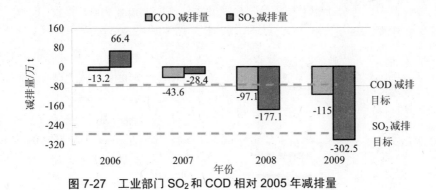

图 7-27 工业部门 SO_2 和 COD 相对 2005 年减排量

（5）在主要的 COD 排放行业中，造纸减排 31%，食品加工业减排 22.3%，化工制造业减排 24.9%，黑色冶金业减排 30.8%，而纺织业和饮料制造业分别增排 4.8% 和 21%。

（6）生活部门 COD 减排效果不佳。生活部门 COD 排放量占工业和生活总排放量的 65%，但 2009 年之前，其排放量不减反增，由 2005 年的 859.5 万 t 上升到 2008 年的 863.1 万 t，2009 年其排放量下降为 837.8 万 t，减排了 2.5%，因此，需要加大对生活 COD 排放量的控制。

（7）节能政策的实施是 SO_2 减排形势优于 COD 减排的原因之一。为实现节能，国家发改委制定了一系列节能措施，企业安装了大量的脱硫设施，在节能的同时，促进了 SO_2 的减排。

（8）从区域看，SO_2 排放大省的减排成效显著。2009 年，除内蒙古（3.9%）外，我国 SO_2 排放量大的省份，其减排率都在 10% 以上。其中，北京（37.7%）、上海（26%）、江苏（21.8%）、山东（20.6%）、浙江（18.5%）、广东（17.3%）、河南（16.6%）、山西（16.4%）、河北（16.2%）等省份 SO_2 减排成效显著，提前完成了"十一五"减排任务。但青海、新疆两个省份 SO_2 排放量仍呈增加趋势，分别增加了 9.6% 和 13.7%（图 7-28）。

（9）COD 排放大省的减排效果不一。2009 年，COD 排放量大的前 10 个省份中，广东（13.9%）、江苏（14.9%）、山东（15.9%）、河南（13.2%）、河北（13.8%）、辽宁（12.6%）等省份 COD 减排成效显著，提前实现减排目标；而广西（8.7%）、湖南（5.2%）、四川（4.5%）、湖北（6.5%）等 COD 排放大省仍面临着较为严峻的减排压力（图 7-29）。

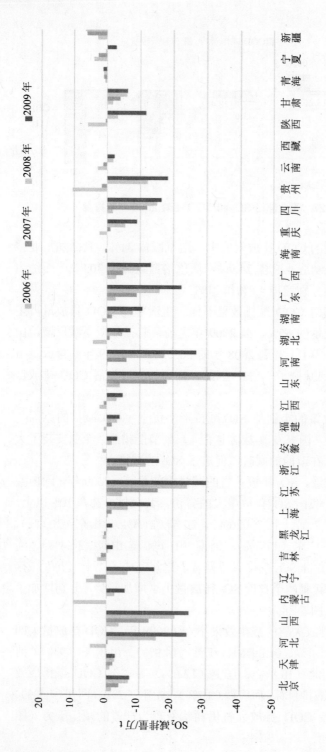

图 7-28　31 个省市自治区相对 2005 年的 SO₂ 减排量

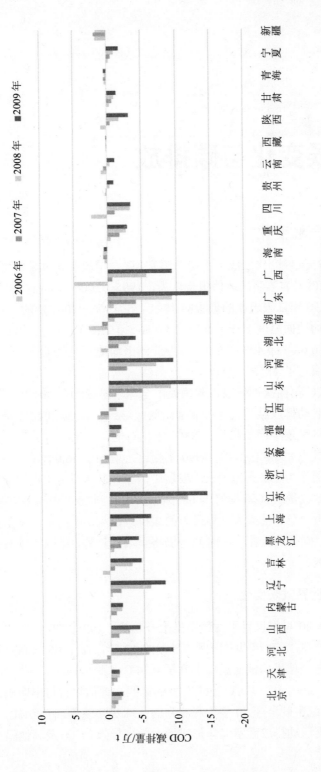

图 7-29 31 个省市自治区相对 2005 年的 COD 减排量

第8章

气候变化与碳排放

8.1 气候变化

全球气候变化已成为不争的事实,联合国政府间气候变化专门委员会(IPCC)第四次评估报告认为,1995—2006 年的全球平均气温是自 1850 年以来出现的最暖的 12 年,在 1906—2005 年的一百年里,全球平均地面温度上升了 0.74℃(0.56~0.92℃),远高于第三次评估报告的 0.6℃(0.4~0.8℃),其中亚洲平均地面温度上升最快,近年来甚至超过了 1℃。

IPCC 第四次评估报告明确提出全球气温变暖有 90%的可能是由于人类活动排放温室气体形成增温效应导致。自 20 世纪以来,世界碳排放量呈逐年增长趋势。2007 年化石能源利用和水泥生产的全球碳排放量为 83.65 亿 t,与 1990 年相比,增加了 36.04%。

中国作为经济高速增长的发展中国家,其碳排放也在快速增加。中国碳排放量从 2000 年的 94 682.36 万 t 上升到 2008 年的 187 349 万 t,增加了近一倍,已成为世界最大的碳排放国家。中国正处于工业化中期阶段,碳排放量在一段时间内仍将呈增加趋势,中国的碳减排形势不容乐观。

8.1.1 世界气候变化

(1)20 世纪世界平均气温呈上升趋势。1995—2006 年的全球平均气温是自 1850 年以来出现的最暖的 12 年,在 1906—2005 年的一百年里,全球平均地面温度上升了 0.74℃(图 8-1)。

(2)2007 年,IPCC 正式发表的第四次评估报告得出明确结论,自 20 世纪中叶至今 50 多年观测到的全球变暖现象,有 90%的可能是由于人类活动排放温室气体形成增温效应导致。CO_2 及其他温室气体浓度增加引起全球性的气候变化已经是世人公认的事实。

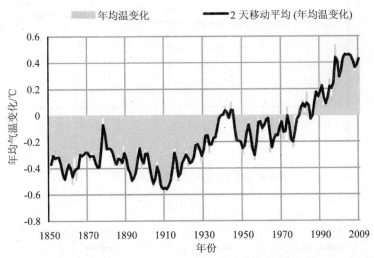

图 8-1 1850—2009 年的全球年均气温变化

8.1.2 中国气候变化

（1）我国是全球气候变暖特征最显著的国家之一。近 100 年来，我国年平均气温上升了 0.5～0.8℃，略高于同期全球增温平均值，而且近 50 年我国气候变暖尤为明显，上升了 1℃左右。

（2）中国的南方和北方是气温差异最显著的地域单元。近 50 年，我国北方气候变暖的趋势强于南方。北方气温上升了 1.2～1.4℃，南方气温上升了 0.5℃左右（图 8-2）。

（3）近百年来，我国年均降水量变化趋势不显著，年平均降水量在 1950 年代以后开始逐渐减少，平均每 10 年减少 2.9 mm，但 1991—2000 年略有增加。

（4）区域降水变化波动较大。从地域分布看，华北地区和东北地区降水量明显减少，平均每 10 年减少 20～40 mm，其中华北地区最为明显；华南与西南地区降水明显增加，平均每 10 年增加 20～60 mm（图 8-3）。

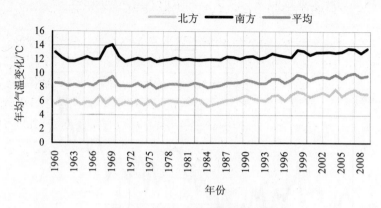

图 8-2　近 50 年中国年均气温变化

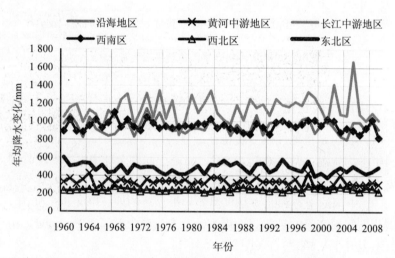

图 8-3　近 50 年不同区域的中国年均降水变化

8.2　碳排放

8.2.1　世界碳排放

（1）随着全球经济的增长，全球碳排放增加迅速。按照 CDIAC 的数据分析，2006 年我国成为最大的碳排放国家。中国、美国、印度、俄罗斯、日本等是全球排放前十位的国家，这些国家的排放占全球排放的 64.1%。

（2）在全球碳排放总量前十位的国家中，除印度的人均排放低于全球平均水平，其他 9 个国家的排放都已超过全球平均水平（2007年全球人均碳排放为 1.25 t/人）（图 8-4）。

（3）美国的人均碳排放最高，2007 年为 5.2 t/人，高于全球平均水平 3.16 倍。我国的人均碳排放为 1.35 t/人，高于全球平均水平 8%（图 8-5）。

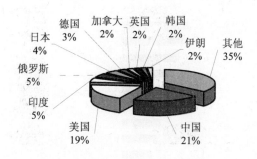

图 8-4　世界主要国家碳排放总量百分比

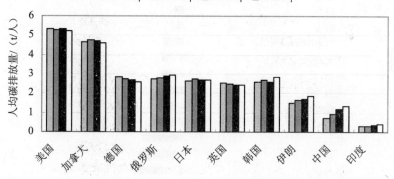

图 8-5　世界主要国家人均碳排放量

（4）《京都议定书》规定附件一缔约方在 2008—2012 年的温室气体排放量比 1990 年的排放水平至少减少 5.2%，并为每一个缔约方国家确定了量化的减排目标。

（5）1990—2007 年，所有附件一缔约方计入土地利用、土地利用的变化和林业的合计排放总量下降了 5.2%，从 175 亿 t 降至 165亿 t CO_2 当量。

（6）经济转型期附件一缔约方的温室气体排放量同比下降了

42.2%，非经济转型期附件一缔约方则增加了 12.8%。

（7）1990—2007 年，温室气体合计排放总量的变化在各国间有很大差异。乌克兰排放量下降 52.9%，澳大利亚排放量增长了 74%。美国、日本、加拿大等排放量大的国家的实际排放量都大于目标排放量（图 8-6）。

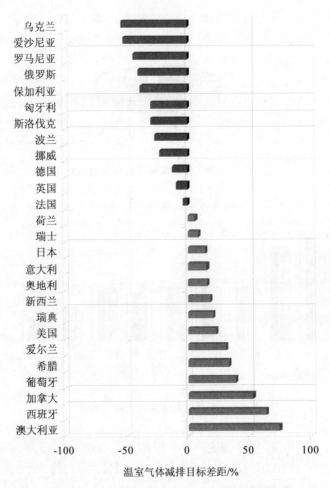

温室气体减排目标差距/%

图 8-6 世界主要国家的温室气体减排目标差距

专栏 8.1 温室气体的主要来源与危害

温室气体指的是指大气中由自然或人为产生的能够吸收和释放地球表面、大气和云所射出的红外辐射谱段特定波长辐射的气体成分。地球大气层中的温室气体主要包括水蒸气（H_2O）、臭氧（O_3）、二氧化碳（CO_2）、一氧化二氮（N_2O）、甲烷（CH_4）、氢氟碳化物（HFCs）、全氟碳化物（PFCs）及六氟化硫（SF_6）。由于水蒸气及臭氧的空间分布较大，因此在进行减排措施规划时，一般不将这两种气体纳入考虑。《京都议定书》要求附件一国家的二氧化碳（CO_2）、一氧化二氮（N_2O）、甲烷（CH_4）、氢氟碳化物（HFCs）、全氟碳化物（PFCs）及六氟化硫（SF_6）在 2008—2012 年比 1990 年水平至少减少 5%。

这些温室气体能够使太阳能量通过短波辐射达到地球，而地球以长波辐射形式向外散发的能量却无法通过温室气体层，这种效应被称为"温室气体效应"。工业革命以来，大气层中温室气体的大量积聚加剧了"温室效应"，造成以全球变暖为主要特征的气候变化。其中：二氧化碳主要来源于化石燃料燃烧；甲烷多属自然排放，人为排放主要来自工业废水污染、农业畜牧活动以及工业制造；一氧化二氮主要来自农业、畜牧业和工业硝酸、己二酸等生产；氢氟碳化物、全氟碳化物主要来自家电生产、制冷行业废气排放、气胶、清洁溶剂及灭火剂等；六氟化硫主要来源于部分金属冶炼行业、变电站等。

8.2.2 中国碳排放

（1）由于对化石能源的巨大需求，我国的碳排放增长迅速。2008年的碳排放量相对于 2000 年几乎翻了一番（图 8-7）。

（2）按照一些机构的估算，我国已经成为最大的二氧化碳排放国家，后京都时代面临着巨大的减排压力。

（3）我国的碳排放主要分布在黑色冶金、化工、非金属制造、电力生产、有色冶金、石油加工、煤炭开采以及纺织业等工业行业。

（4）2008 年工业行业终端能源利用的排放占全部终端能源排放的 72.0%，其中以黑色冶金、非金属制造、化工排放最多，占整个工业排放的 54.9%（图 8-8）。

（5）农业、建筑业和批发零售业的排放都较少，占全部终端能源碳排放的 2% 左右；生活能源消费的排放占 11.1%；交通运输占 7.4%。

由此可见，我国控制碳排放增长的关键在于控制工业碳排放增长。

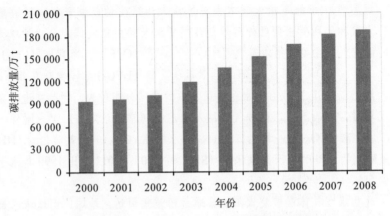

图 8-7　2000—2008 年的中国碳排放量

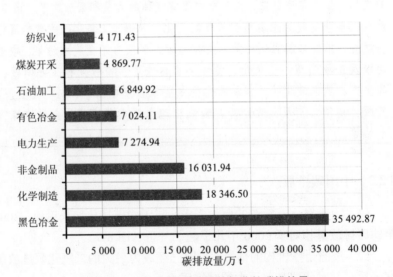

图 8-8　2008 年主要碳排放行业的碳排放量

（6）2008 年我国终端能源消费的碳排放为 17.7 亿 t 碳，相当于 62.5 亿 tCO$_2$，碳排放的区域分布差异很大。山东省、河北省、江苏省、广东省、河南省、辽宁省、内蒙古自治区、山西省以及浙江省的碳排放量较大，合计约 10.0 亿 t 碳，占全部碳排放的 56.6%。其中以山东省的碳排放量最大，达到 1.76 亿 t 碳，占总排放量的 9.97%；海南省的碳排放最少，为 574.4 万 t 碳（图 8-9）。

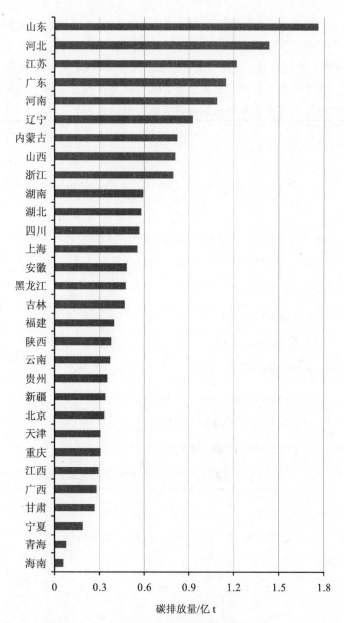

图 8-9 2008 年各省市自治区的碳排放量

专栏 8.2　碳排放核算方法与数据来源

　　主要国家的碳排放、人均排放数据来源于 CDIAC。主要国家的温室气体减排目标来源于 UNFCCC 网站。

　　中国 2008 年的碳排放、行业排放、区域排放根据 IPCC 的二氧化碳排放部门计算方法，利用行业及区域的能源消费数据以及相关碳排放因子计算得到，来源于环境规划院气候变化与环境政策研究中心的估算。

第9章

环境质量

9.1 环境质量账户

中国环境经济核算体系从能够基本反映我国环境质量状况、具有比较连续监测数据的环境指标中选取了具有代表性的指标，建立了环境质量账户。除了直接反映环境质量的指标外，还选取了部分反映治理水平的指标，从治理层面体现环境质量变动的原因。表 9-1 为 1998—2007 年我国的环境质量变化趋势，从表中数据来看，我国近年来环境质量有一定程度的改善，总体趋于好转，但部分指标仍有所波动。

表 9-1 1998—2008 年环境质量账户　　　　　　　　单位：%

	指标	1998 年	2004 年	2005 年	2006 年	2007 年	2008 年
水环境	全国地表水监测断面劣于V类的比例	37.7	29.7	27.0	26.0	23.6	20.8
	近岸海域水质监测点位劣于IV类的比例	31.5[1]	21.5	18.4	17.0	18.3	12.0
	工业废水 COD 去除率	48.3	58.9	58.9	60.3	66.2	68.8
	城镇污水处理率	29.6	45.7	52.0	55.7	62.9	70.3
大气环境	优于II级以上城市的比例	27.6	39.3	51.9	56.6	69.8	76.8
	工业废气二氧化硫（SO_2）去除率	18.1	29.2[2]	32.4[2]	37.4[2]	44.1[2]	53.4[2]
	工业废气氮氧化物（NO_x）去除率 [2]	—	0.03	2.0	2.0	6.52	5.44
固体废物	工业固体废物综合利用率 [2]	41.7	55.8	56.1	60.9	62.8	64.3
	城镇生活垃圾无害化处理率	60.0	42.0[2]	43.3[2]	41.8[2]	49.1[2]	51.9
声环境	区域声环境质量高于较好水平城市占省控以上城市比例	—	79.1	63.8	68.8	72.0	71.7

注：1）1999 年数据；

　　2）中国环境经济核算结果。

　　其他数据来源：中国环境统计年报、全国环境质量年报书和中国城市建设统计年鉴。

9.2 水环境

2008 年，我国地表水污染严重状况并未得到根本改善。长江、黄河、珠江、松花江、淮河、海河和辽河七大水系总体水质与 2007 年持平。200 条河流 409 个断面中，Ⅰ—Ⅲ类、Ⅳ—Ⅴ类和劣Ⅴ类水质的断面比例分别为 55.0%、24.2%和 20.8%；珠江、长江总体水质良好，松花江为轻度污染，黄河、淮河、辽河为中度污染，海河为重度污染。在监测营养状态的 26 个湖泊及水库中，呈富营养状态的占 46.2%。近岸海域水质有所改善，与 2007 年比较有所提高，大部分海域为清洁海域。四大海区近岸海域中，黄海、南海近岸海域水质良，渤海水质一般，东海水质差。

9.2.1 地表水水质

（1）2001 年以来，地表水水质管理有所改善，从重点监测断面数量上来看，七大水系从 2001 年的 752 个监测国控断面增长到 2008 年的 759 个（其中有 13 个因断流而无数据），湖泊水库监测样本个数基本持平，均为 28 个国控重点湖（库）。

（2）从水质状况比较来看，七大江河水质状况改善较为明显，2001 年有半数以上监测断面属于Ⅴ类和劣Ⅴ类水质，而 2008 年Ⅰ类和Ⅱ类水质已达到 1/3；湖泊水库水质总体变化不大，污染指标近年来主要为总氮和总磷（图 9-1）。

（3）2008 年，七大江河水质状况中，Ⅰ—Ⅲ类水相对 2007 年断面数增加明显，而且呈现南优北劣，干流好于支流的态势。

（4）相对于 2007 年，湖泊水库水质改善明显，其中以大型淡水湖改善尤甚，全国 10 个监测的大型淡水湖中，洱海和兴凯湖转化为Ⅱ类水质，但其他湖泊水库改善并不明显，滇池水质依旧超出重度富营养警戒线。

（5）2008 年，全国地表水国控断面 COD_{Mn} 年均质量浓度为 5.7 mg/L，较 2007 年降低 12.3%。其中：①七大江河水系中，Ⅰ—Ⅲ类水质比例为 48%，Ⅴ类和劣Ⅴ类约占 27%；②国控重点湖（库）中，4 个满足Ⅱ类水质，而劣Ⅴ类水质高达 11 个，占到总监测湖（库）的近四成（图 9-2）。

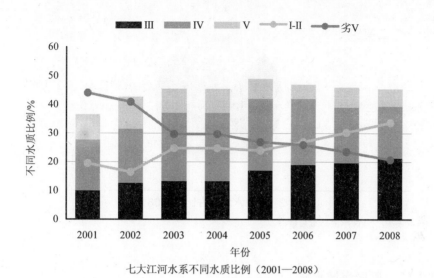

七大江河水系不同水质比例（2001—2008）

湖泊水库不同水质比例（2003—2008）

图 9-1 地表水水质

数据来源：1989—2006 中国环境状况公报汇编；

2007 中国环境质量报告；

2008 中国环境质量报告。

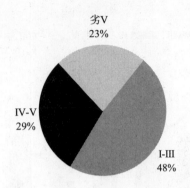

图 9-2   地表水水质占比（2008）

数据来源：2008 中国环境质量报告。

9.2.2   近岸海域水质

（1）从 2001 年以来，近岸海域水质总体环境质量保持良好，但有波动变化。

（2）2001 年近岸海域海水主要受到活性磷酸盐和无机氮的影响，到 2008 年，主要超标污染物为无机氮，而排名第二的污染物为非离子氨。

（3）从八年来水质占比的发展趋势看，Ⅱ类水质比例逐步增大，增长了 10%，但Ⅲ—Ⅳ类水质比例仅下降了 6.5%（图 9-3）。

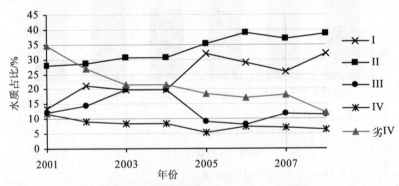

图 9-3   近岸海域水质（2001—2008 年）

数据来源：1989—2006 中国环境状况公报汇编；

2007 中国环境质量报告；

2008 中国环境质量报告。

（4）2008 年全国近岸海域水质总体为轻度污染，其中Ⅰ—Ⅱ类水质面积为 21.2 万 km^2，占总监测面积的 3/4（图 9-4）。

（5）四大海区中，黄海、南海水质较好，而东海水质受到陆源污染物入海影响，总体水质偏差。

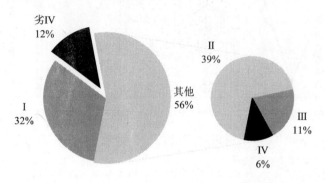

图 9-4　近岸海域水质占比（2008）

数据来源：2008 中国环境质量报告。

从上述分析来看，我国水环境质量不容乐观，水质改善缓慢，其主要原因在于以下几个方面：首先，经济社会发展与水资源供需之间的结构性矛盾突出，且将在未来很长一段时间内长期存在；其次，工业污染治理水平不高、农业面源污染缺乏有效治理，水环境压力短期内难以得到有效改善；同时，虽然近年城市生活污水处理率有较大幅度提高，但管网普及率、污水处理设施正常运转率以及城镇生活污水处理率仍有较大提升空间，城镇生活污水处理状况并没有想象中的乐观。

9.2.3　经济发展与水资源短缺

（1）10 多年来，水资源总量基本维持不变，但是随着人口和经济发展的压力日趋加剧，总用水量呈现增长态势，水资源开发利用率也稳步增长，其中，海河流域的现状水资源开发率为 106%，多年平均缺水量为 101 亿 m^3，缺水率为 22%，这对地表水水质产生较大压力。

（2）2006 年以来，用水总量增长幅度逐步趋缓，水资源开发利用率基本保持在 20% 上下波动且有突破 23% 的趋势（图 9-5）。

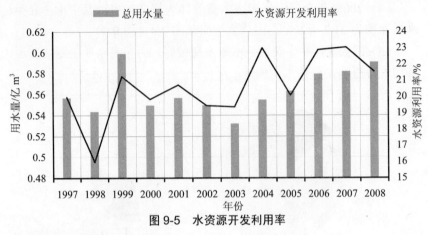

图 9-5　水资源开发利用率

数据来源：中国统计年鉴 2009。

9.2.4　农业面源污染没有得到有效控制

（1）近 15 年来，我国农业化肥施用量节节攀升，接近 5 300 t，与此同时，我国耕地面积日渐减少，单位耕地面积化肥施用量逐年增加，到 2008 年年末达到 0.43 t/hm²，比 1996 年增长近 50%。有调查显示，目前化肥利用率平均仅为 30% 左右，流失的化肥和农药造成了地表水富营养化和地下水污染（图 9-6）。

（2）根据全国第一次污染源普查数据显示，目前我国的平均畜禽粪便利用率仅约为 36.7%，在一些地区，畜禽养殖污染已经成为水环境恶化的重要原因。

（3）包括种植业、畜禽养殖业和农村生活在内的农业面源污染对我国本已严峻的地表水质环境形成了严重的挑战，并对地下水水质构成威胁。

9.2.5　工业水污染处理效率有待提高

（1）根据核算结果，工业 COD 排放量大户造纸、食品加工、纺织、饮料制造以及化工行业的污染物去除率分别为 63.8%、64.1%、68%、75.2% 和 75.7%，造纸、食品加工和纺织业等排放大户的 COD 去除率均低于全国平均水平（图 9-7）。

（2）调查核算得到的污染物去除率比环境统计低 10%～15%，废水排放达标率比环境统计低 15%～25%，如果工业污染治理水平不能有效提高，未来工业污染物排放总量可能将继续增长。

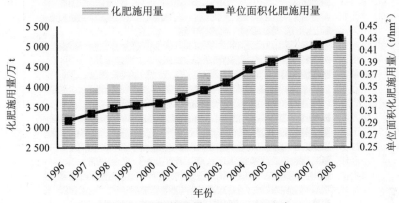

图 9-6　化肥施用量（1996—2008 年）

数据来源：中国统计年鉴 2009。

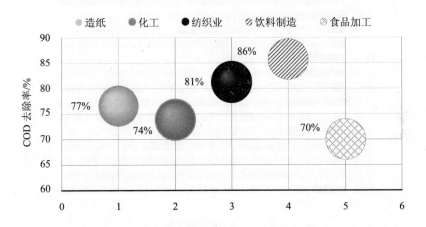

图 9-7　主要废水排放行业 COD 去除率

数据来源：绿色国民经济核算 2008。

9.2.6　城镇生活污水处理能力有待提高

（1）"十一五"期间，我国城镇污水处理能力大幅提高，大中城市污染削减贡献大。截至 2009 年年底，全国设市县及部分重点建制镇累计建成城镇污水处理厂由 2003 年的 612 座增加到 1 993 座，总处理能力已超过 1.056 亿 m^3/d，较"十五"末期增长了 1.86 倍（图 9-8）。

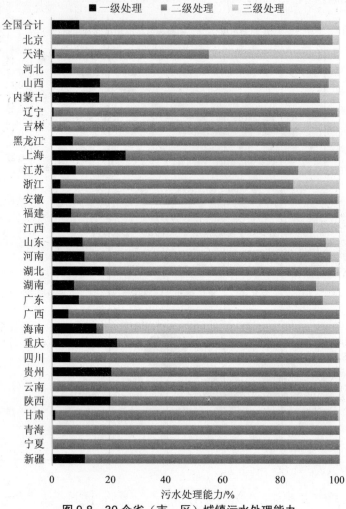

图 9-8　30 个省（市、区）城镇污水处理能力

数据来源：中国城市建设统计年鉴 2008。

（2）尽管城镇污水处理设施日趋完善，但我国城镇污水处理依旧显露出诸多问题。

➢ 城镇污水处理率距西欧等发达国家水平仍有较大差距。

➢ 区域发展不平衡导致西部地区污水处理能力不足，给日趋恶化的水环境形成不小的压力。

➢ 局部地区污水收集管网难以配套，掣肘污水处理厂运转效率的提高。

> 监管制度、管理水平、规划设计等人为缺陷的短板效应。

（3）主要城市（省会城市和计划单列市）目前的污水处理率和废水处理设施正常运转率情况还不尽如人意（图9-9）。

> 35个城市中，废水平均处理率为67.8%，其中西北地区废水二级以上处理率最低，仅为56.3%；华东、华中和西南地区的废水二级以上处理率高于全国平均水平。

> 城市废水处理设施正常运转状况一般，全国平均运转率为78.8%，华北、东北和西北地区的运转率均在全国平均水平以下；而华东、华中、华南和西南地区则高于全国平均运转率。

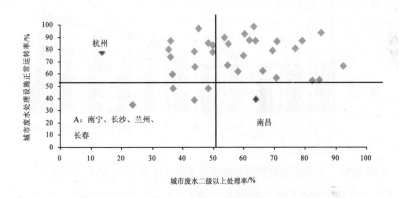

图9-9　重点城市废水处理率与处理设施正常运转率

数据来源：中国城市建设统计年鉴2008。

9.3　大气环境

与2007年相比，2008年全国城市空气质量有所提高，达标城市比例上升了13%。全国113个环境保护重点监测城市中，有57.5%的城市空气质量达到二级标准，41.6%达到三级标准，三级标准以下的城市仅占0.9%。

我国空气质量虽有所提高，但与欧美发达国家的大气环境质量和世界卫生组织（WHO）颁布的《全球空气质量指南》要求相比，中国大气环境形势依然十分严峻。人口超过百万的特大城市，空气中二氧化硫和颗粒物超标比例较高。

9.3.1　城市大气质量

（1）10 年来，我国城市空气质量有所好转，达标（空气质量好于Ⅱ级）城市比例呈攀升态势，劣Ⅲ级空气质量城市由 21 世纪初的 1/3 强缩减到 2009 年的不足 2%；就可比城市和优于二级的城市比例而言，2008 年比 2001 年增加 39.9%（图 9-10）。

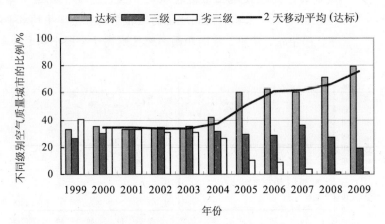

图 9-10　不同级别空气质量城市的比例变化情况（1999—2009 年）

数据来源：1989—2006 中国环境状况公报汇编；

2007 中国环境质量报告；

2008 中国环境质量报告；

2009 中国环境状况公报。

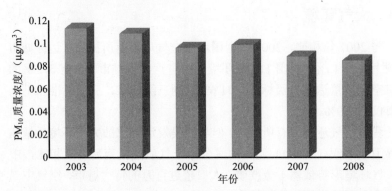

图 9-11　经人口加权的全国平均城市 PM_{10} 质量浓度（2003—2008 年）

数据来源：环境经济核算 2008。

（2）2008 年，全国空气质量达到优异水平的城市仅 21 个，占总监测城市个数的 4%，可见我国城市空气质量形势依然严峻，污染排放负荷较重，特别是东部地区城市。

（3）从图 9-11 来看，虽然近年呈下降趋势，但逐渐趋缓且距离世界卫生组织所推荐的健康阈值 0.015 μg/m³ 差距明显，就可吸入颗粒物这一单一污染物来看，全国仅 6% 左右城市达到一级标准，且北方城市颗粒物质量浓度普遍高于南方。

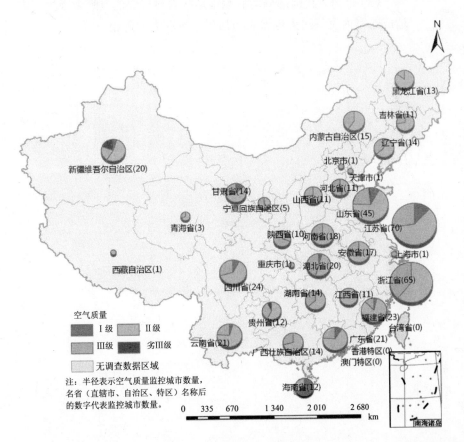

图 9-12　31 个省、市、自治区 2008 年的城市大气环境质量（城市Ⅰ、Ⅱ、Ⅲ级的比例）

数据来源：环境经济核算 2008。

9.3.2　农村大气质量

（1）由于缺乏系统的监测体系，难以对农村大气质量做出总体分析，但总体而言，其质量较城市区域质量好。

（2）局部调查显示，城市污染产业转移、旅游产业发展和乡镇经济的复苏，粗放发展模式造成农村大气质量出现恶化趋势，郊区农村受此影响尤为明显。

（3）此外，我国部分落后偏远地区农村居民的取暖做饭生活方式造成的室内空气污染也给农村居民带来较大的健康风险。

第 10 章

环境保护支出

　　环境保护支出包括工业污染源治理、城市环境建设直接相关的用于形成固定资产的资金投入、治理设施运行费用以及各级政府的环境管理方面的支出。其中，各级政府环境管理方面投入的数据获取困难，本报告的环保支出只包括环保投资、运行费用两部分。根据目前环境保护投资的统计口径，环境保护投资主要包括三方面：①城市环境基础设施建设投资；②工业污染源治理投资；③建设项目"三同时"环境保护投资。环境保护运行费用指进行环境保护活动或维持污染治理运行所发生的经常性费用，包括设备折旧、能源消耗、设备维修、人员工资、管理费、药剂费及设施运行有关的其他费用，以及企业缴纳的环境保护税费。

10.1　环境保护支出账户

　　（1）2008 年环境保护资金共计支出 7 913.7 亿元，GDP 环保支出指数为 2.6%。其中，环保投资 4 490.3 亿元，占环境保护支出总资金的 56.7%；环境保护运行费用 3 423.4 亿元，占环境保护支出总资金的 43.3%。

　　（2）在 2008 年的环境保护运行费用中，治理设施的运行费用为 2 944.8 亿元，环境保护税费 478.6 亿元，分别占总运行费用的 86.0% 和 14.0%。

　　（3）在治理设施的运行费中，企业因生产活动而支出的污染治理设施运行费用，即内部环境保护支出为 2 414.7 亿元，是城市污水处理和垃圾处理等外部环境保护活动的 4.5 倍。在内部环保支出中，第二产业是环保支出最大的产业（表 10-1）。

表 10-1　2008 年按活动主体分的环境保护支出核算表　　　单位：亿元

核算对象＼核算主体	外部环境保护				内部环境保护				总计
	城市污水处理	城市垃圾处理	其他外部环保活动	合计	第一产业	第二产业	第三产业	产业总计	
运行费用：									
中间消耗和工资等	139.3	110.6	280.2	530.1	153	1 561.6	700.1	2 414.7	2 944.8
资源税									301.8
排污费等									176.8
运行费用合计									3 423.4
投资性支出：				1 801				2 689.3	4 490.3
环境保护支出总计									7 913.7

注：1）按活动主体分的中间消耗和工资等运行费的数据根据核算得到；2）资源税和排污费数据仅列出合计数据；3）外部环境保护的投资性支出数据为环境统计年报中的城市环境基础设施建设投资，内部环境保护的投资性支出数据为环境统计年报中的工业污染源治理投资和建设项目"三同时"环保投资之和。

10.2　环保治理投资

（1）为改善我国环境质量，提升环境保护管理水平，环境污染治理的资金投入逐年递增，而且增幅也不断提高，环保财源保障能力不断增强。

（2）据不完全统计，1973—1981 年，国家财政共安排污染治理资金 5.04 亿元，约占同期 GDP 的 0.51%，同环保投资需求有较大差距。

（3）改革开放以来，环保投资绝对量逐年增加。"七五"期间全国环保投资 476.4 亿元，"八五"期间达到 1 306.6 亿元，是"七五"期间的 2.7 倍；而"九五"期间的投资又是"八五"期间的 2.7 倍，达到 3 516.4 亿元。1999 年环保投资占同期 GDP 比例首次突破 1.0%，"十五"期间环境保护投资达到了 8 399.1 亿元，占同期 GDP 的比例为 1.31%。

（4）根据"十一五"环境保护规划，全国"十一五"期间环保投资预期 15 300 亿元（约占同期 GDP 的 1.4%）。2006—2008 年，环保共投资 10 443 亿元，占预期投资的 68.3%。其中，2008 年环境污染治理投资总额达 4 490 亿元，占同期国内生产总值的 1.5%（图 10-1）。

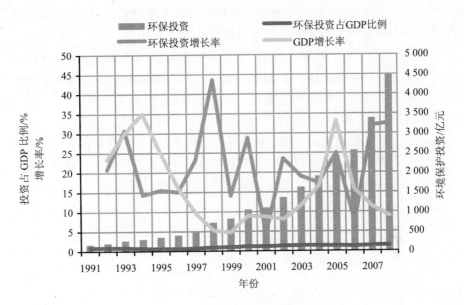

图 10-1 中国环境保护投资状况

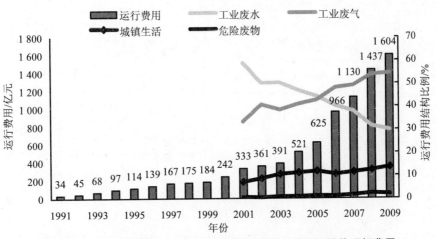

图 10-2 我国工业废水、废气治理设施和城市污水处理设施运行费用

（5）随着环保投入的增长，环境污染治理能力和环保设施的治理
运行费用也不断提高。根据核算结果，2008 年环境污染实际治理成
本共计 2 901.2 亿元，其中，废水治理 784.5 亿元、废气治理 1 775.9
亿元、固废 340.8 亿元。畜禽养殖、农村生活、工业固废的实际治理
成本分别为 147.6 亿元、5.4 亿元和 230.2 亿元。

（6）2008 年，工业废水、废气、危险废物和城市污水四项有实际统计数据的污染治理运行费用合计达到 1 404.8 亿元，是 1991 年 34.3 亿元的近 41 倍。其中，工业废水所占比例从 2001 年的 58.9%降低到 2008 年的 31.8%，城市污水所占比例相应从 7.1%提高到 12.6%，城市污水处理能力明显提高；工业废气所占比例上升较快，特别是近年从 2005 年的 40.2%上升到 2008 年的 54.4%（图 10-2）。

（7）虽然我国环境保护投资在大幅增加，环境保护的资金保障能力不断增强，但环境保护投资占 GDP 的比例仍然较低，我国的各种环境问题层出不穷，仍需加大对环境保护的投资力度。

第 11 章

GDP 污染扣减指数核算

高投入、高污染、低产出、低效率的粗放经济发展模式，使我国经济发展呈现高增长、高代价的态势。根据核算结果，我国环境污染的虚拟治理成本从 2004 年的 2 874.5 亿元上升到 2008 年的 5 043.1 亿元，增加了 75%。2008 年，我国环境污染虚拟治理成本为 5 043.1 亿元，比上年增加 15.8%，其中，水污染、大气污染、固体废物污染虚拟治理成本分别为 2 672.6 亿元、2 227.7 亿元和 142.9 亿元，分别比 2007 年增加 26%、5.8%、10%。

2008 年，我国 GDP 污染扣减指数为 1.7%，与 2007 年基本持平。我国 GDP 污染扣减指数呈现产业和区域差异，其中，第一产业的污染扣减指数为 2.1%，大于第二、第三产业；西部地区的污染扣减指数为 2.6%，大于中部和东部地区。

专栏 11.1　环境污染治理成本核算

污染治理成本法核算的环境价值包括两部分，一是环境污染实际治理成本，二是环境污染虚拟治理成本，GDP 污染扣减指数指虚拟治理成本占 GDP 的比例。污染实际治理成本是指目前已经发生的治理成本，包括畜禽养殖、工业和集中式污染治理设施实际运行发生的成本。其中，工业废水、废气和城镇生活污水的实际污染治理成本采用统计数据，畜禽废水、工业固废、城市生活垃圾和生活废气的实际治理成本利用模型计算获得。虚拟治理成本是指目前排放到环境中的污染物按照现行的治理技术和水平全部治理所需要的支出。治理成本法核算虚拟治理成本的思路是：假设所有污染物都得到治理，则当年的环境退化不会发生。从数值上看，虚拟治理成本可以认为是环境退化价值的一种下限核算。治理成本按部门和地区进行核算。

11.1 治理成本核算

我国环境污染治理成效显著，但污染治理缺口仍较大。我国环境污染实际治理成本从 2004 年的 1 005.3 亿元上升到 2008 年的 2 901.2 亿元，增加了 1.9 倍。2008 年，我国虚拟治理成本为 5 043.1 亿元，相对 2004 年增加了 75%，增速小于实际治理成本。但虚拟治理成本绝对量仍然大于实际治理成本，环境污染治理仍然任重道远。

11.1.1 水污染治理缺口较大

（1）2008 年我国废水虚拟治理成本为 2 672.6 亿元，是实际治理成本的 3.4 倍；废气虚拟治理成本为 2 227.7 亿元，是实际治理成本的 1.3 倍；固废的虚拟治理成本为 12.9 亿元，是实际治理成本的 0.42 倍。

（2）近年来大气污染是我国治理的重点，大气污染的实际治理成本从 2004 年的 479.2 亿元上升到 2008 年的 1 775.9 亿元，增加了 2.7 倍；水污染实际治理成本增速相对较慢，增加了 1.3 倍，水污染治理缺口较大，应加大水污染治理的投资（图 11-1）。

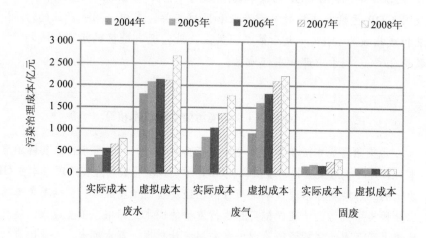

图 11-1　2004—2008 年废水、废气和固废污染治理成本

11.1.2 产业和行业治理成本分析

（1）2008 年，第一产业、第二产业以及第三产业和生活的合计污染治理成本分别为 882.5 亿元、4 082.7 亿元、2 979.1 亿元，第二

产业最高。其中，第一产业、第二产业、第三产业与生活的虚拟治理成本分别为 729.5 亿元、2 521.1 亿元、1 792.5 亿元，分别是其实际治理成本的 4.8 倍、1.6 倍、1.5 倍，第一产业的污染物治理缺口最大（图 11-2）。

（2）我国环境污染治理重点主要集聚在电力生产、造纸、黑色冶金、化工、纺织等 10 个行业。这 10 个行业的污染治理成本占总治理成本的比例由 2005 年的 78% 上升到 2008 年的 81.5%，其中，实际治理成本由 72% 上升到 77%，虚拟治理成本从 79% 上升到 85%（图 11-3）。

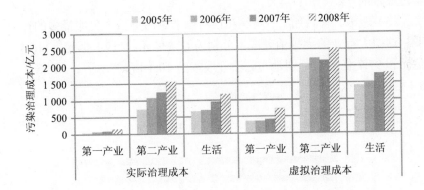

图 11-2　2005—2008 年不同产业的污染治理成本

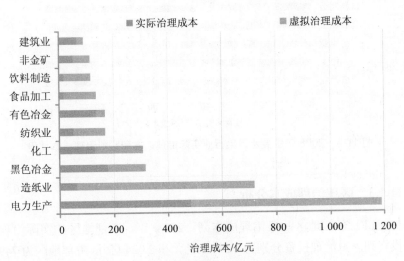

图 11-3　2008 年主要污染行业的治理成本

（3）电力生产是污染治理成本最高的行业。2008 年，电力生产的实际治理成本为 483.3 亿元，虚拟治理成本为 706.5 亿元，比 2007 年分别增加 29% 和 8%，其实际治理成本和虚拟治理成本都远高于其他行业。电力行业的脱硫能力近年大幅提高，但由于氮氧化物的治理水平仍然较低，其虚拟治理成本仍然处于高位。

（4）水污染的主要排放行业中，除石化和黑色冶金的实际治理成本大于虚拟治理成本外，其他行业实际治理成本都远小于虚拟治理成本，尤其作为我国废水排放大户的造纸业，其实际治理成本仅是虚拟治理成本的 7%（图 11-4）。

（5）造纸、食品加工、纺织和饮料制造是污染治理欠账最多的行业。这四大行业的虚拟治理成本分别为 657 亿元、119.1 亿元、116.4 亿元和 97.7 亿元，分别是实际治理成本的 10.4 倍、7.1 倍、2.2 倍、5.4 倍。

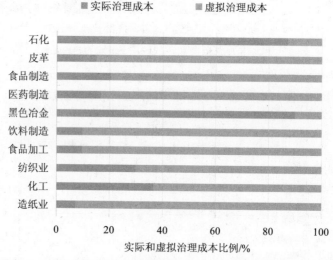

图 11-4　2008 年主要水污染行业实际治理成本和虚拟治理成本比例

11.1.3　区域治理成本分析

（1）东部地区污染治理成本高。2008 年，东部地区的实际治理投资和虚拟治理投资分别为 1 511.5 亿元和 2 024 亿元，中部地区为 749 亿元和 1 550 亿元，西部地区为 640.7 亿元和 1 519 亿元。东部地区污染治理投资占总污染治理投资的比例为 44.5%，污染治理投资最高。

（2）西部地区的污染治理缺口大，西部地区虚拟治理成本是实际治理成本的 2.4 倍。

（3）中部地区实际治理成本增速较快。中部地区的实际治理成本从 2005 年的 344.5 亿元上升到 2008 年的 749 亿元，增加了 1.2 倍。中部地区实际治理成本占全部实际治理成本的比例也由 2005 年的 23.7% 上升到 2008 年的 25.8%（图 11-5）。

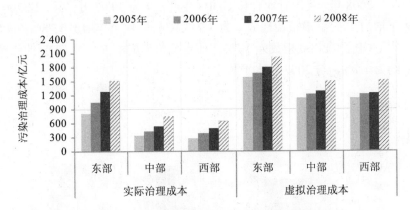

图 11-5　2005—2008 年不同区域的污染治理成本

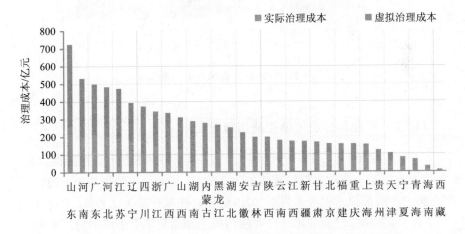

图 11-6　2008 年各省、市、自治区实际治理成本和虚拟治理成本

（4）山东、河南、广东、河北、江苏位列总污染治理成本的前 5 位。2008 年这 5 个省份的污染治理成本合计 2 715.8 亿元，占总污染治理成本的 34.2%，其中，实际治理成本占总实际治理成本的 36.6%。天津、宁夏、青海、海南、西藏是我国污染治理成本最低的 5 个省区，

其污染治理成本为 302.4 亿元，占总污染治理成本的 3.8%。青海、广西、湖南、西藏、新疆等省区是我国污染治理成本缺口最大的省份，其虚拟治理成本是实际治理成本的 7.3 倍、5.6 倍、4.4 倍、3.3 倍、2.8 倍，这些省份的污染治理投资需进一步加大（图 11-6）。

11.2 GDP 污染扣减指数

2008 年，我国行业合计 GDP（生产法）为 30.07 万亿元，比 2007 年增加 20.5%。虚拟治理成本为 5 043.1 亿元，比上年增加 15.8%。2008 年 GDP 污染扣减指数为 1.7%，即虚拟治理成本占全国 GDP 的比例约为 1.7%，与 2007 年水平基本持平。

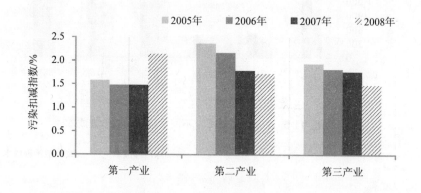

图 11-7　不同产业的污染扣减指数

11.2.1 产业和行业污染扣减指数对比

（1）2008 年，第一产业虚拟治理成本为 729.5 亿元，扣减指数为 2.15%；第二产业虚拟治理成本为 2 521.1 亿元，扣减指数为 1.72%；第三产业虚拟治理成本为 1 792.5 亿元，扣减指数为 1.49%。

（2）第二产业和第三产业的污染扣减指数都有下降趋势，其中，第二产业的污染扣减指数从 2005 年的 2.4% 下降到 2008 年的 1.7%。第三产业的污染扣减指数从 2005 年的 1.9% 下降到 2008 年的 1.5%。

（3）第一产业污染扣减指数 2008 年出现较大增幅，主要是由于核算方法改变导致畜禽养殖污染物处理量出现较快增长（图 11-7）。

11.2.2 区域污染扣减指数对比

（1）东部、中部和西部地区的污染扣减指数都有下降趋势。东部地区污染扣减指数从 2005 年的 1.3%下降到 2008 年的 1.1%，中部地区从 2005 年的 2.5%下降到 2008 年的 1.9%，西部地区从 3.4%下降到 2.6%，说明近年来西部地区污染治理支出有较快增长。

（2）西部地区的污染扣减指数高于中部地区和东部地区。2008年，西部地区的污染扣减指数为 2.6%，中部地区为 1.9%，东部地区为 1.1%，说明西部地区的污染治理投入需求相对其经济总量较东中部地区更大，需要给予西部地区更多的环境财政政策优惠（图 11-8）。

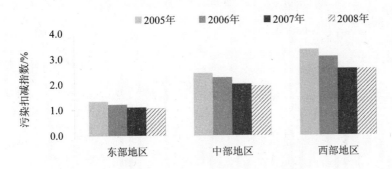

图 11-8 不同地区的污染扣减指数

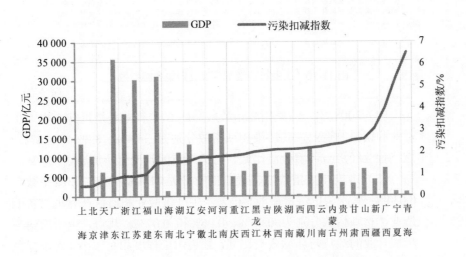

图 11-9 各省、市、自治区 GDP 与污染扣减指数

（3）具体分析各省市自治区的污染扣减指数发现，污染扣减指数小的省份是上海（0.5%）、北京（0.5%）、天津（0.7%）、广东（0.8%）、浙江（0.9%）、江苏（0.9%）。与 2007 年相比，这些省份的污染扣减指数都呈不同程度的下降。虽然这些东部省份的虚拟治理成本绝对量相对较高，但因其经济发展水平高，使得其污染扣减指数相对较低。青海（6.5%）、宁夏（5.3%）、广西（4%）、新疆（3.1%）、山西（2.6%）、甘肃（2.5%）、贵州（2.4%）等省份的污染扣减指数相对较高。相对上年，青海、新疆和广西三省区的污染扣减指数明显增加（图 11-9）。

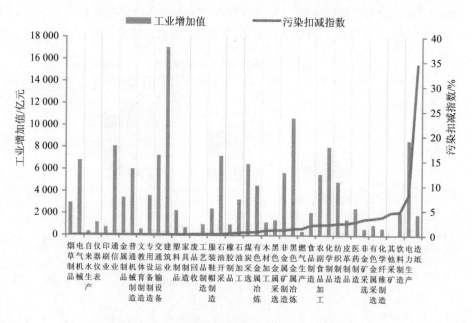

图 11-10　工业行业增加值及其污染扣减指数

（4）2008 年，污染扣减指数最高的 3 个行业是造纸业、电力生产业和饮料制造业，其污染扣减指数分别为 34.4%、8.2% 和 4.8%。这些行业经济与环境效益比低、污染严重的状况有所加剧。

（5）污染扣减指数增幅最低的行业是烟草制品业，扣减指数为 0.034%；其次为电气机械业、自来水生产供应业和通信计算机设备制造业，扣减指数分别为 0.05%、0.06% 和 0.07%。其中，电子通信与机械行业的经济与环境效益比高，环境污染程度相对较小，属于绿色产业（图 11-10）。

第 12 章

生态环境破坏损失核算

12.1 环境退化成本核算

 2008 年，利用污染损失法核算的环境退化成本 8 947.6 亿元，分别占地区合计 GDP（32.7 万亿元）和行业合计 GDP（30.1 万亿元）的 2.7% 和 3.0%，即 2008 年的 GDP 环境退化指数为 2.7%。在环境退化成本中，水污染、大气污染、固废污染和污染事故造成的环境退化成本分别为 4 105.0 亿元、4 725.6 亿元、63.6 亿元和 53.3 亿元，分别占总退化成本的 45.9%、52.8%、0.7% 和 0.6%（图 12-1）。

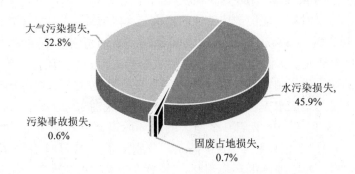

图 12-1　各类环境退化成本占比

专栏 12.1　环境退化成本核算

　　环境退化成本又被称为污染损失成本，它是指在目前的治理水平下，生产和消费过程中所排放的污染物对环境功能、人体健康、作物产量等造成的实际损害，这些损害需采用一定的定价技术，如人力资本法、直接市场价值法、替代费用法等环境价值评价方法来进行评估，计算得出相应的环境退化价值。与治理成本法相比，基于损害的污染损失估价方法更具合理性，是对污染损失成本更加科学和客观的评价。环境退化成本仅按地区核算。

　　在本核算体系框架下，环境退化成本按污染介质来分，包括大气污染、水污染和固体废弃物污染造成的经济损失；按污染危害终端来分，包括人体健康经济损失、工农业（种植业、林牧渔业）生产经济损失、水资源经济损失、材料经济损失、土地丧失生产力引起的经济损失和对生活造成影响的经济损失。

12.1.1　水环境退化成本

　　2008 年，水污染造成的环境退化成本为 4 105.0 亿元，占总环境退化成本的 45.9%，GDP 水环境退化指数为 1.3%，与上年持平；其中，水污染对农村居民健康造成的损失为 241.3 亿元，污染型缺水造成的损失为 2 374.0 亿元，水污染造成的工业用水额外治理成本为 434.4 亿元，水污染对农业生产造成的损失为 618.4 亿元，水污染造成的城市生活用水额外治理和防护成本为 436.9 亿元。各省的污染型缺水量与地表水 V 类和劣 V 类断面的比例见图 12-2。

　　2008 年，东、中、西部 3 个地区的水环境退化成本分别为 1 977.1 亿元、1 019.2 亿元和 1 108.7 亿元，分别比上年增加 11.2%、6.6% 和 28.8%，西部地区的环境退化成本增幅较大。东部地区的水环境退化成本最高，约占废水总环境退化成本的一半，占东部地区 GDP 的 1.0%；中部和西部地区的水环境退化成本分别占废水总环境退化成本的 24.8% 和 27.0%，占地区 GDP 的 1.3% 和 1.9%，东、中部地区水环境退化成本占地区 GDP 的比例比上年略有下降，分别下降 0.1%、0.2%，但西部地区水环境退化成本占地区 CDP 比例增加 0.1%。

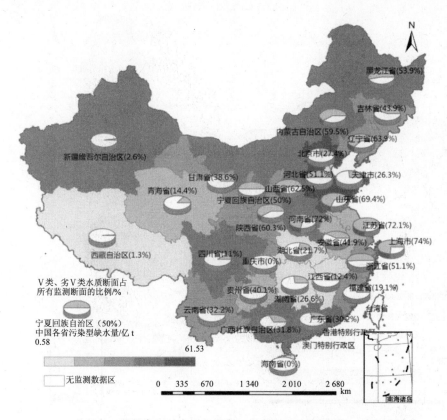

图 12-2　污染型缺水量与地表水 V 类和劣 V 类断面的比例分布

12.1.2　大气环境退化成本

2008 年，大气污染造成的环境退化成本为 4 725.6 亿元，占总环境退化成本的 52.8%，GDP 大气环境退化指数为 1.4%，其中，大气污染造成的城市居民健康损失为 3 344.4 亿元，占总大气环境退化成本的 70.8%；农业减产损失为 646.0 亿元，材料损失为 183.6 亿元，造成的额外清洁费用为 551.7 亿元，除农业损失外其他各项损失均较上年有所增加，其中，大气健康损失增幅较大，达到 39.9%，主要原因是 2008 年城市人均 GDP 较 2007 年有较大幅度的提高。各省的城市人口数量与暴露于 PM_{10} 年均浓度二级标准以上城市人口的比例见图 12-3。

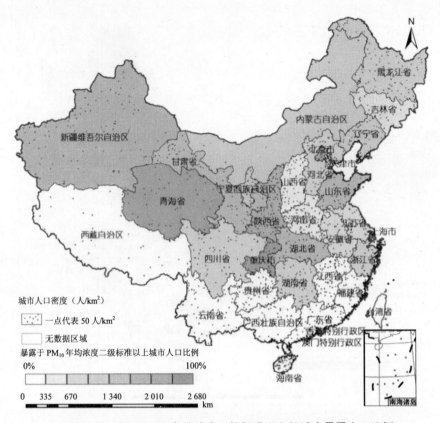

图 12-3　超过 PM_{10} 年均浓度二级标准以上的城市暴露人口比例

2008 年，东、中、西部 3 个地区的大气环境退化成本分别为 2 737.5 亿元、1 127.8 亿元和 860.4 亿元。大气环境退化成本最高的仍然是东部地区，占大气总环境退化成本的 57.9%，占东部地区 GDP 的 1.4%；中部和西部地区的大气环境退化成本分别占大气总环境退化成本的 23.9% 和 18.2%，这两个地区的大气环境退化成本分别占地区 GDP 的 1.4% 和 1.5%。大气环境退化成本占地区 GDP 的比例为 1.4%，比上年增加 0.1%。

12.1.3　固废污染损失成本

2008 年，全国工业固废侵占土地新增约 7 762.8 万 m^2，比上年减少 10.2%，丧失土地的机会成本约为 44.7 亿元。生活垃圾侵占土地新增约 2 488.2 万 m^2，比上年减少 9.3%，丧失的土地机会成本约为 19.0 亿元。两项合计，2008 年全国固体废物污染造成的环境退化成本为 63.6 亿元,占总环境退化成本的 0.71%,占当年地区合计 GDP 的 0.02%。

2008 年,东、中、西部 3 个地区的固废环境退化成本分别为 25.2 亿元、16.4 亿元和 22.0 亿元,其中,东中部地区比上年略有下降,西部地区比上年略有增加。东、中、西部地区固废环境退化成本分别占总固废环境退化成本的 39.7%、25.8%和 34.6%。

12.1.4　环境污染事故经济损失

2008 年,全国共发生环境污染与破坏事故 474 起,污染事故造成的直接经济损失为 1.8 亿元。根据 2008 年《中国渔业生态环境状况公报》,2008 年全国共发生渔业污染事故 1 025 次,污染面积约 10.97 万 hm²,造成直接经济损失 1.7 亿元,环境污染事故造成的天然渔业资源经济损失 49.9 亿元。两项合计,2008 年全国环境污染事故造成的损失成本为 53.3 亿元,与上年基本持平。环境污染事故退化成本占总环境退化成本的 0.6%,占当年地区合计 GDP 的 0.02%。

12.2　生态破坏损失

生态系统可以按不同的方法和标准进行分类,本报告按生态系统的环境性质将整个生态系统划分为五类,即森林生态系统、草地生态系统、湿地生态系统、耕地生态系统和海洋生态系统。由于不掌握耕地和海洋生态系统的基础数据,本报告仅核算了森林、草地、湿地和矿产开发引起的地下水流失与地质灾害等 4 类生态系统的服务功能损失。

专栏 12.2　生态破坏损失核算的目的、概念与核算原则

核算目的:进行生态破坏损失核算的目的在于,在绿色国民经济核算框架基础上,建立不同地区的各类生态系统服务功能破坏的实物量和价值量账户,描述与经济活动对应的各类生态系统服务功能的实物破坏量,并通过价值评估技术将生态破坏实物量折算为生态破坏价值量,计算出生态破坏的价值损失,即生态破坏损失。通过生态系统服务功能的实物破坏量和价值量的核算,将经济活动的发生与生态系统质量状况的变化联系起来。

> 基本概念：生态破坏损失指生态系统因人为原因导致生态质量退化，影响其正常生态服务功能发挥所带来的各项生态服务功能损失。由于对生态系统服务功能研究的历史较短，到目前为止，还没有统一的概念，目前普遍接受的关于生态系统服务功能的定义为：生态系统服务功能是指生态系统与生态过程所形成的、维持人类生存的自然环境条件及其效用。它是通过生态系统的功能直接或间接得到的产品和服务，是由自然资本的能流、物流、信息流构成的生态系统服务和非自然资本结合在一起所产生的人类福利。本报告采用直接市场评价法、替代市场价值法、影子工程法等生态资源估价方法评估生态破坏损失。
>
> 核算原则：由于在一定的时间周期内，生态系统实物量数据变化较小，因此，生态破坏实物量以最近可用的调查数据为基准进行核算，并默认实物破坏量在一定的核算期内（2006—2010 年）保持不变；各年生态破坏损失计算所用技术参数根据各年实际进行调整。

一般认为生态系统具有三大类功能，即生活与生产物质的提供（如食物、木材、燃料、工业原料、药品等）、生命支持系统的维持（如生物多样性、气候调节、水土保持等）以及精神生活的享受（如登山、野游、渔猎、漂流等）。本报告所指生态服务功能仅包括第一类和第二类中的重要功能，并根据森林、草地和湿地的主要生态功能分别选择了对其最重要和典型的服务功能进行核算（表 12-1）。

表 12-1　生态破坏损失核算框架

生态系统 ＼ 生态功能	生产有机物质	调节大气	涵养水源	水分调节	水土保持	营养物质循环	净化污染	野生生物栖息地	干扰调节
森林	√	√				√	√	√	
湿地	√	√	√	√	√	√	√	√	√
草地	√	√	√		√	√		√	
耕地	×	×	×		×				
海洋	×	×		×		×	×	×	×

注：√代表已核算项目，×表示未核算项目。

2008 年全国的生态破坏损失为 3 789.11 亿元，其中，森林、草地、湿地生态系统破坏以及矿产开发造成的地下水流失与地质灾害的生态破坏损失分别为 985.29 亿元、1 519.11 亿元、1 076.78 亿元

和 216.93 亿元，生态破坏损失分别占地区合计 GDP（32.7 万亿元）
和行业合计 GDP（30.1 万亿元）的 1.16%和 1.26%（图 12-4）。

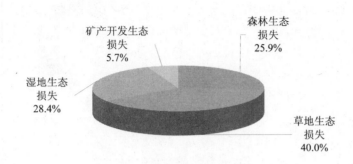

图 12-4　各类生态破坏损失成本比例

12.2.1　森林生态破坏损失

　　根据全国第七次森林资源清查结果，我国目前森林面积为
19 545.22 万 hm^2，森林覆盖率为 20.36%，比第六次清查结果 18.21%
提高了 2.15%。总体来看，森林面积继续扩大，林木蓄积生长量持续
大于消耗量，森林质量有所提高，森林生态功能不断增强。但本次清
查也发现，我国森林资源长期存在的数量增长与质量下降并存、森林
生态系统趋于简单化、生态功能衰退、森林生态系统调节能力下降的
问题仍然广泛存在，生态脆弱状况没有根本扭转。

　　我国森林覆盖率只有全球平均水平的 2/3，排在世界第 139 位；
人均森林面积 0.145 hm^2，不足世界人均占有量的 1/4；人均森林蓄积
10.15 m^3，只有世界人均占有量的 1/7；全国乔木林生态功能指数为
0.54，生态功能好的仅占 11.31%；乔木林蓄积量为 85.88 m^3/hm^2，只
有世界平均水平的 78%。长期来看，由于我国仍然处于经济发展和城
镇人口快速增长期，社会经济发展对木材需求不断增长，木材供需矛
盾加剧，森林生态系统安全面临巨大压力。

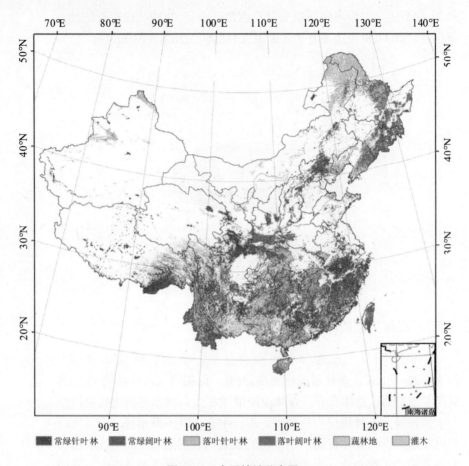

图 12-5 中国林地分布图

图例：常绿针叶林　常绿阔叶林　落叶针叶林　落叶阔叶林　蔬林地　灌木

　　本报告所指森林生态破坏是指在人类活动的干扰下，森林资源的非正常耗减所造成的生态服务功能下降，包括森林资源非正常耗减带来的森林生态系统服务功能退化损失以及为防止森林生态退化的支出两部分，由于缺乏数据，本报告仅有前者数据。其中，森林非正常耗减量应该包括超过森林采伐限额的森林资源消耗量、森林资源非正常枯损量以及林地转为他用造成的森林资源耗减，由于数据有限，本报告仅计算了超限额森林资源消耗量所造成的生态破坏经济损失（图 12-5）。

　　根据全国第六次森林资源清查结果，目前全国超限额森林资源消耗量达到 222.4 万 hm²，根据全国第七次森林资源清查结果，林地转为非林地的面积是 831.73 万 hm²，由于缺乏分省数据，本报告没有核算各省林地转为非林地造成的森林生态破坏损失。由此造成的森林生态破坏损失达到 985.29 亿元，占 2008 年全国 GDP 的 0.3%。森林的生产有机物质、调节大气、涵养水源、水土流失、营养物质循环、生物多样性、净化空气损失分别为 43.23 亿元、85.90 亿元、32.53 亿元、69.88 亿元、14.35 亿元、551.20 亿元、188.21 亿元；在森林生态破坏造成的各项损失中，生物多样性损失的贡献率最大，占总经济损失的 55.94%（图 12-6）。

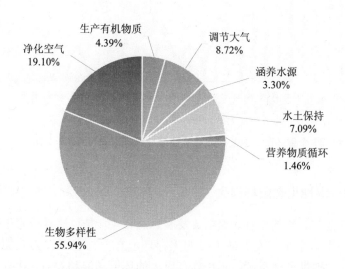

图 12-6　森林生态破坏各项损失比例

　　我国森林的空间分布差异很大，主要分布在东南地区、西南地区、内蒙古东部地区和东北三省，仅黑龙江、吉林、内蒙古、四川、云南五省（区）的森林面积和蓄积量就占全国的 43.4% 和 49.7%。而森林非正常耗减量位居前 3 位的省（区）为湖北省、黑龙江省和广西壮族自治区，分别占全国非正常耗减量的 10.07%、9.11% 和 8.83%，造成的生态破坏损失分别达到 89.16 亿元、80.65 亿元和 78.11 亿元（图 12-7）。

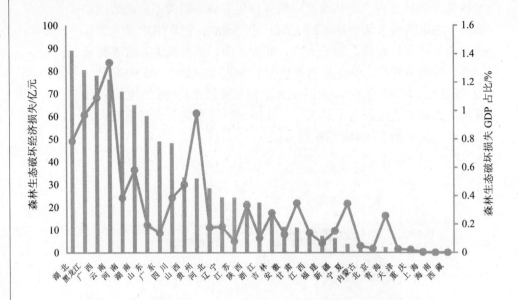

图 12-7 31 个省（市、区）的森林生态破坏经济损失与 GDP 占比

12.2.2 湿地生态破坏损失

湿地与人类的生存、繁衍、发展息息相关，是自然界最富生物多样性的生态系统和人类最重要的生存环境之一，它不仅为人类的生产、生活提供多种资源，而且具有巨大的环境功能和效益，在抵御洪水、调节径流、蓄洪防旱、降解污染、调节气候、控制土壤侵蚀、促淤造陆、美化环境等方面具有其他系统不可替代的作用，被誉为"地球之肾"，受到世界各国的广泛关注。

湿地指天然或人造、永久或暂时之死水或流水、淡水、微咸或咸水沼泽地、泥炭地或水域，包括低潮时水深不超过 6 m 的海水区。本报告所指湿地包括面积在 100 hm² 以上的湖泊、沼泽、库塘和滨海湿地，宽度≥10 m、面积≥100 hm² 的全国主要水系的四级以上支流，以及其他具有特殊重要意义的湿地。

全国湿地资源调查（1995—2003 年）结果表明，我国现有的在调查范围内的湿地总面积为 3 848.55 万 hm²，其中自然湿地面积 3 620.05 万 hm²，仅占国土面积的 3.77%，其中滨海湿地占自然湿地面积的 16.41%，河流湿地占 22.67%，湖泊湿地占 23.07%；沼泽湿地占 37.85%；人工湿地仅调查了库塘湿地，面积为 228.50 万 hm²。

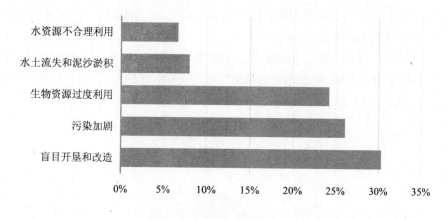

图 12-8　重点调查湿地退化原因比例

调查表明，目前湿地开垦、改变自然湿地用途和城市开发占用自然湿地是造成我国自然湿地面积削减、功能下降的主要原因（图12-8），随着湿地面积的减小，湿地生态功能明显下降，生物多样性降低，出现生态环境恶化现象；该威胁主要存在于沿海地区、长江中下游湖区、东北沼泽湿地区。同时，湿地环境污染也是我国湿地面临的最严重的威胁之一，不仅对生物多样性造成严重危害，还使水质变坏；该威胁主要存在于沿海地区、长江中下游湖区以及东部人口密集区的库塘湿地。在我国重要的经济海区和湖泊，生物资源过度利用现象十分严重，一些物种趋于濒危边缘，致使湿地生物群落结构改变以及多样性的降低，该威胁主要存在于沿海地区、长江中下游湖区、东北沼泽湿地区。同时，水资源的不合理利用也严重威胁着湿地的存在，并有不断恶化的趋势；部分湿地水土流失和泥沙淤积严重，致使湿地面积不断减小，功能衰退，洪涝灾害加剧。

本报告所指湿地生态破坏是指在人类活动的干扰下，由于人为因素造成的湿地生态系统的生态服务功能退化。根据 2004 年的《全国湿地资源调查简报》，围垦湿地造成的天然湿地退化的资料比较完整，而且是湿地损失的主要人为因素，因此，本报告将湿地围垦率作为湿地生态系统服务功能价值的人为破坏率，湿地围垦率指被开垦湿地占湿地总面积的百分比。

根据核算结果，目前全国湿地围垦面积达到 65.8 万 hm²，由此造成的湿地生态破坏损失达到 1 076.78 亿元，占 2008 年全国 GDP 的 0.33%。湿地的生产有机物质、调节大气、涵养水源、水分调节、水土保持、营养物质循环、净化污染、野生生物栖息地、干扰调节生态系统服务功能损失分别为 8.06 亿元、16.02 亿元、536.80 亿元、0.83 亿元、11.92 亿元、4.63 亿元、230.86 亿元、16.80 亿元、250.86 亿元；在湿地生态破坏造成的各项损失中，涵养水源的损失贡献率最大，占总经济损失的 49.85%（图 12-9）。

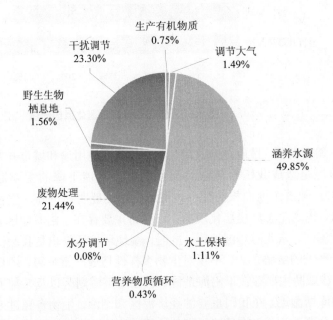

图 12-9 湿地生态破坏各项损失比例

我国湿地分布较为广泛，同时，受自然条件的影响，湿地类型的地理分布表现出明显的区域差异。我国湿地主要分布在西藏、黑龙江、内蒙古和青海 4 个省（区），这 4 个省的湿地面积占全国湿地面积的 46.6%。在全国 31 个省（市、区）中，浙江省的湿地人为破坏率最高，达到 4.4%，其次是重庆市（3.9%）和甘肃省（3.2%）。虽然湿地主要分布地区的人为破坏率处于中游水平，但由于基数大，黑龙江、西藏、内蒙古、青海和甘肃的人为湿地破坏面积以及湿地生态破坏经济损失都位居全国前 5 位，经济损失分别达到 175.25 亿元、153.40 亿元、137.02 亿元、64.22 亿元和 54.48 亿元，5 省合计约占全国湿地生态破坏经济损失的 54.27%（图 12-10）。

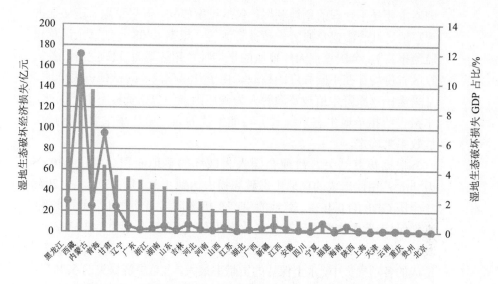

图 12-10　31 个省（市、区）的湿地生态破坏经济损失与 GDP 占比

12.2.3　草地生态破坏损失

我国是草地资源大国，全国草原面积近 4 亿 hm^2，约占国土面积的 41.7%。我国天然草原主要集中分布在北方干旱半干旱区和青藏高原。内蒙古、广西、重庆、四川、贵州、云南、西藏、陕西、甘肃、青海、宁夏、新疆西部 12 个省区市的天然草原面积约 3.3 亿 hm^2，占全国草原面积的 84.4%；辽宁、吉林、黑龙江等东北三省的天然草原面积约 0.17 亿 hm^2，占全国草原面积的 4.3%；其他省市的天然草原面积约 0.45 亿 hm^2，占全国草原面积的 11.3%（图 12-11）。

草地不但具有重要的经济价值，还具有极其重要的生态调节与保护功能。但长期以来，草地的生态功能价值未受到应有的重视，部分地区把天然草地当做宜农荒地开垦，过牧、过垦、滥挖屡禁不止，草地植被破坏严重，生态屏障作用日渐降低。2008 年全国草原监测报告显示，广大草原超载过牧依然严重，开垦、乱征滥占、乱采滥挖等破坏草原的行为仍有发生，鼠虫灾害发生面积居高不下，沙化、盐渍化、石漠化依然严重，草原生态环境治理任务十分艰巨。

本报告对 2008 年的草地生态破坏实物量与经济损失进行了核算。草地生态破坏是指在人类活动的干扰下，由于人为因素造成的草地生态系统的生态服务功能退化。影响草地生态系统生态退化的人为因素主要是不合理的草地利用，包括过度放牧、开垦草原、违法征占用草地、乱采滥挖草原野生植被资源等。根据 2008 年的《全国草原监测报告》，全国重点天然草原的平均牲畜超载率为 32%左右，各大牧区省份均存在不同程度的超载。由于开垦草原、违法征占用草地、乱采滥挖草原野生植被资源等人为破坏因素的数据资料不全，因此，本报告所指草地生态系统服务功能价值的人为破坏率主要根据过度放牧率来确定。

根据核算结果，目前全国人为破坏的草地面积达到 1 730.65 万 hm^2，由此造成的草地生态破坏损失达到 1 519.11 亿元，占 2008 年全国 GDP 的 0.46%。草地的生产有机物质、调节大气、涵养水源、水土保持、营养物质循环等生态系统服务功能损失分别为 142.63 亿元、283.43 亿元、228.83 亿元、782.58 亿元、81.64 亿元。在草地生态破坏造成的各项损失中，水土保持的贡献率最大，占总经济损失的 52%（图 12-12）。

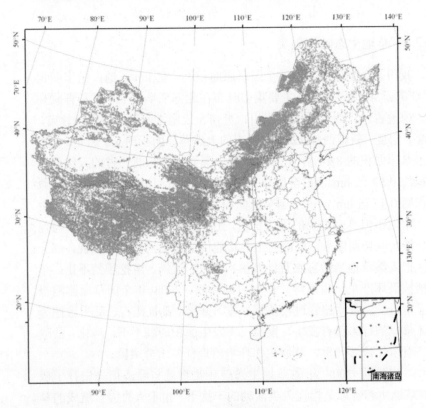

图 12-11　我国草地分布图

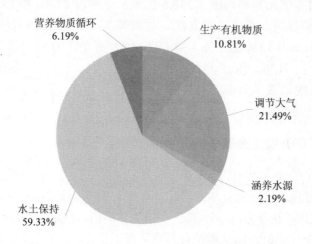

图 12-12　草地生态破坏各项损失比例

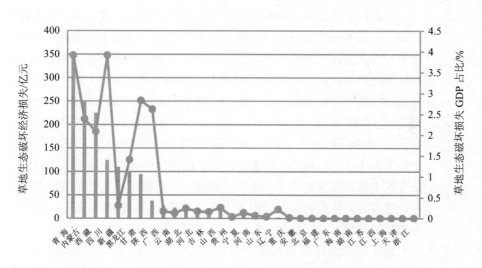

图 12-13　31 个省（市、区）的草地生态破坏经济损失与 GDP 占比

由于我国草地主要集中在西部地区，而且西部地区的牲畜超载率也普遍较高，根据 2008 年的《全国草原监测报告》，西藏、内蒙古、新疆、青海、四川、甘肃的牲畜超载率分别为 38%、18%、40%、37%、39% 和 39%。因此，西部地区草地生态破坏损失远大于东中部地区，占 87.1%，东部占 1.6%，中部占 11.3%。在 31 个省（市、区）中，青海省以 364.4 亿元居首位，占全国总损失的 24.0%，内

蒙古（262.8 亿元）和西藏（236.6 亿元）分别占 17.3%和 15.6%，这 3 个省和四川、新疆、黑龙江、甘肃等 7 个省区 2008 年度的草地生态系统破坏经济损失为 1 314.92 亿元，占全国的 86.6%，北京、天津、上海、江苏、浙江、安徽、福建、江西、湖南、广东和海南等 11 个省的超载率为 0，生态破坏经济损失为 0，其他 13 个省仅占 13.4%（图 12-13）。

12.2.4　矿产开发生态破坏损失

我国是矿业大国，矿产开发总规模居世界第三位，矿产资源开发在为经济建设作出巨大贡献的同时，也对生态环境造成了长期、巨大的破坏。我国矿山企业约 50%属于乡镇集体矿山，环保工作差距较大，约 30%的个体采矿点则基本没有开展环保工作。不合理的开发利用已对矿山及其周围环境造成严重的破坏并诱发了多种地质灾害，不仅威胁人民的生命、财产安全，而且严重制约了社会经济发展。

根据国土资源部开展的全国矿山地质环境调查结果显示，由于长时间、高强度的矿山开采，造成大量土地荒废，生态环境恶化，有的地方发生大范围的地面塌陷等地质灾害。据调查统计，到 2005 年年底，全国矿山开采共引发地质灾害 12 379 起，死亡 4 251 人，造成直接经济损失 161.6 亿元。其中因矿山开采引发地面塌陷 4 500 多处、地裂缝 3 000 多处、崩塌 1 000 多处。全国因采矿活动形成的采空区面积约 80.96 万 hm^2，引发地面塌陷面积 35.22 万 hm^2，占压和破坏土地面积 143.9 万 hm^2。在建矿、采矿过程中强制性抽排地下水以及采空区上部塌陷使地下水、地表水渗漏，严重破坏了水资源的均衡和补径排条件，导致矿区及周围地下水位下降，引起植被枯死等一系列生态环境问题。

由于环境退化成本核算中对固废堆放引起的土地占用损失进行了核算，因此，矿产开发生态破坏损失仅核算了地下水环境生态破坏与矿产开发过程中引起的采空塌（沉）陷、地裂缝、滑坡等地质灾害造成的经济损失。根据调查核算结果显示，目前矿产开发每年导致的地下水资源破坏量达到 14.2 亿 m^3，由此造成的经济损失达到 52.11 亿元；因采矿活动形成的地质灾害面积约 116.18 万 hm^2，由此造成的经济损失达到 164.82 亿元，两项合计 216.93 亿元，占 2008 年全国 GDP（32.7 万亿元）的 0.07%。

从区域角度看，我国矿产资源主要集中分布在湖北、湖南、山西、陕西、内蒙古、青海、新疆、贵州和云南等中西部地区，因此，中西部省（区）矿产开发造成的生态破坏损失量较大，分别达到 166.21 亿元和 32.92 亿元，占总生态破坏损失量的 76.62%和15.18%。在 31 个省（市、区）中，山西省以 140.5 亿元居首位，占全国总损失的 64.8%（图 12-14）。

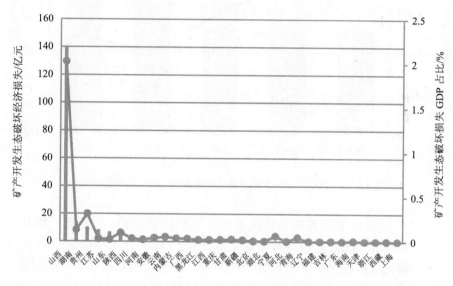

图 12-14　31 个省（市、区）矿产开发生态破坏经济损失与 GDP 占比

12.3　生态环境破坏损失综合分析

12.3.1　近 5 年环境污染代价逐年提高

连续 5 年的核算表明我国经济发展造成的环境污染代价持续提高，5 年间基于退化成本的环境污染代价从 5 118.2 亿元提高到8 947.5 亿元，增长了 74.8%，年均增长 15.0%。基于治理成本法的虚拟治理成本 2 874.4 亿元提高到 5 043.1 亿元，增长了 75.4%，年均增长 15.1%（图 12-15）。也就是说，伴随经济的快速发展，环境污染代价和所需要的污染治理投入也在不断增长，环境问题已经成为我国可持续发展的主要制约因素。

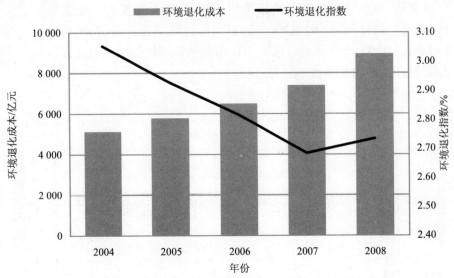

图 12-15　2004—2008 年环境退化成本与 GDP 环境退化指数

　　2008 年的环境退化成本比上年增加了 1 613.5 亿元，增长了 22.0%，2008 年 GDP 环境退化指数为 2.73%，比上年增加了 0.07%，退化成本占行业合计 GDP 的 2.98%。在环境退化成本中，水污染、大气污染、固废污染和污染事故造成的环境退化成本分别为 4 105.0 亿元、4 725.6 亿元、63.6 亿元和 53.3 亿元，其中，水污染和大气污染分别比上年增加了 14.2%和 28.4%，固废和污染事故经济损失比上年减少了 2.3%和 6.8%。

12.3.2　2008 年我国生态环境破坏损失占当年 GDP 的 3.9%

　　根据不全面的核算结果，2008 年的环境退化成本与生态破坏损失合计达到 12 745.7 亿元，其中环境退化成本 8 947.5 亿元，生态破坏损失 3 798.2 亿元，分别占生态环境总损失的 70.20%和 29.80%，生态环境退化指数为 3.9%（图 12-16）。由于缺乏基础数据，土壤和地下水污染造成的环境损害、耕地和海洋生态系统破坏造成的损失、环境污染事故造成的环境损害无法计量，各项损害的核算范围也不全面，但生态环境污染损失占 GDP 的比例已经达到了 3.9%。事实说明，我国高速经济发展的背后是对资源和环境的掠夺式使用，经济发展的部分成就是以牺牲人民健康、破坏生存环境为代价的，环境问题已经成为我国经济可持续发展以及公众健康和社会稳定的主要威胁。

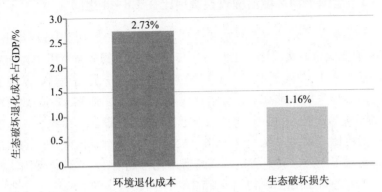

图 12-16 GDP 生态环境退化成本

专栏 12.3 相关概念

GDP 污染扣减指数（Pollution Reduction Index to GDP，PRI_{GDP}）是指虚拟治理成本占当年行业合计 GDP 的百分比，即 GDP 污染扣减指数 = 虚拟治理成本/当年行业合计 GDP×100%。由于虚拟治理成本是基本上根据市场价格核算的环境治理成本，因此可以作为"中间消耗成本"直接在 GDP 中扣减。

GDP 环境退化指数（Environmental Degradation Index to GDP，EDI_{GDP}）是指环境退化成本占当年地区合计 GDP 的百分比，即 GDP 环境退化指数=环境退化成本/当年地区合计 GDP×100%。

GDP 生态环境退化指数（Ecological and Environmental Degradation Index to GDP，$EEDI_{GDP}$）是指生态破坏损失和环境退化成本占当年地区合计 GDP 的百分比，即 GDP 生态环境退化指数=（生态破坏损失+环境退化成本）/当年地区合计 GDP×100%。

GDP 环境保护支出指数（Environmental Protection Expenditure Index to GDP，$EPEI_{GDP}$）是指环境保护支出占当年行业合计 GDP 的百分比，即 GDP 环保支出指数=环境保护支出/当年行业合计 GDP×100%。本报告采用狭义的环境保护支出指数，GDP 环境治理支出指数=环境治理支出/当年行业合计 GDP×100%。

生态环境损失（Ecological and Environmental Damage）指生态破坏损失和环境退化成本之和。

12.3.3 全国平均环境治理效益费用比在 1.8～4 之间

利用虚拟治理成本与环境损失成本的比进行效益费用分析得出，2008 年我国效益费用比为 1.8，其中，东部地区的效益费用比为 2.3，中部地区为 1.4，西部地区为 1.3。在东部地区中，除海南外，其他省市的污染损失成本都高于虚拟治理成本，其中，上海和北京的效益费用比较高，分别达到 6.5 和 5.1，天津、河北、浙江、广东、江苏的效益费用比分别为 3.5、2.7、2.6、2.5、2.4。中部地区除江西的效益费用比低于 1 外，其他省市的效益费用比都高于 1，其效益费用比在 1.2～1.9 之间。在西部 12 个省市中，广西、云南和青海这 3 个省市的虚拟治理成本超过了污染损失成本。其中，广西的虚拟治理成本为 286.3 亿元，污染损失成本为 208.7 亿元，虚拟治理成本是污染损失成本的 1.4 倍（图 12-17）。

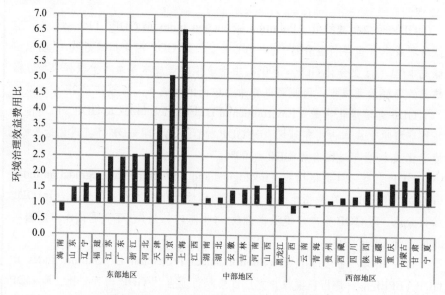

图 12-17 30 个省、市、自治区效益费用比

部分省、市、区出现环境治理费用高于效益的现象的主要原因在于污染损失的计算范围不全面。此外，如果采用国际通行的人力资本法来计算，费用效益比将达到 4∶1。

12.3.4　西部地区生态环境退化代价高

2008 年不计污染事故损失的生态环境损失[①]合计为 12 519.8 亿元。东、中、西部 3 个地区的生态环境损失分别为 5 261.0 亿元、3 214.0 亿元和 4 044.8 亿元，分别占总生态环境损失的 42.0%、25.7% 和 32.3%。各地区的生态环境损失及 GDP 生态环境退化指数如图 12-18 所示。从图 12-18 中可以看出，西部和中部地区的 GDP 生态环境退化指数远高于东部地区。从环境退化成本和生态破坏损失的空间分布来看，东部地区的环境退化成本高于中西部地区，但中西部地区的生态破坏损失远高于东部地区。

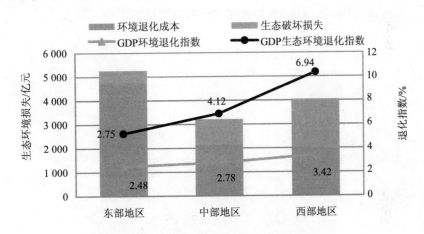

图 12-18　地区生态环境损失及 GDP 生态环境退化指数

2008 年，GDP 环境退化指数最高的前 4 个省份与上年相同，分别为宁夏（11.25%）、青海（6.11%）、甘肃（4.82%）、河北（4.55%），新疆取代安徽位列环境退化成本的第五位（4.48%），比例最低的 5 个省份依次是海南（1.11%）、江西（1.79%）、湖北（1.87%）、福建（1.91%）和广东（1.99%）（图 12-19）。与上年相比，宁夏的 GDP 环境退化指数较上年提高 2%，海南的 GDP 环境退化指数较上年略微下降，各省之间的差距有所拉大，西部地区的 GDP 环境退化指数又从 2007 年的 3.30% 提高到了 3.42%。

---

① 由于缺乏分省（区）的渔业污染事故损失数据，因此，东、中、西部合计的生态环境损失合计不等于全国合计的生态环境损失。

　　同时，由于西部省（区）的草地、湿地、矿产开发的生态破坏损失普遍较大，因此，加上生态破坏损失后的 GDP 生态环境退化指数排序有较大变化，在西部地区中，青海、宁夏、甘肃、内蒙古、新疆等几个省区的生态环境损失占 GDP 的比例都超过 5%（图 12-20），生态环境退化指数最低的省（市、区）都位于东部地区。把比较全面的生态环境损失考虑在内后，西部地区与东部地区的经济总量与生态环境退化之间的"剪刀差"非常巨大。西部地区与东部地区在经济发展能力、行政管理能力、文化教育能力等方面的差距不断拉大的同时，生态环境与污染治理能力之间的差距也在加大，同时，目前东部地区污染企业向中西部地区转移的趋势非常明显，面临经济发展和资源环境的双重压力，西部省份未来的可持续发展能力令人堪忧。

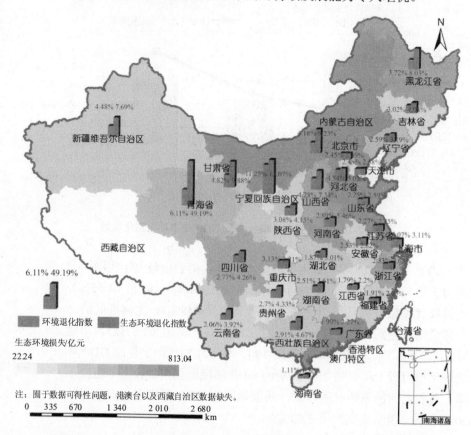

图 12-19　30 个省（市、区）的生态环境损失及 GDP 生态环境退化指数

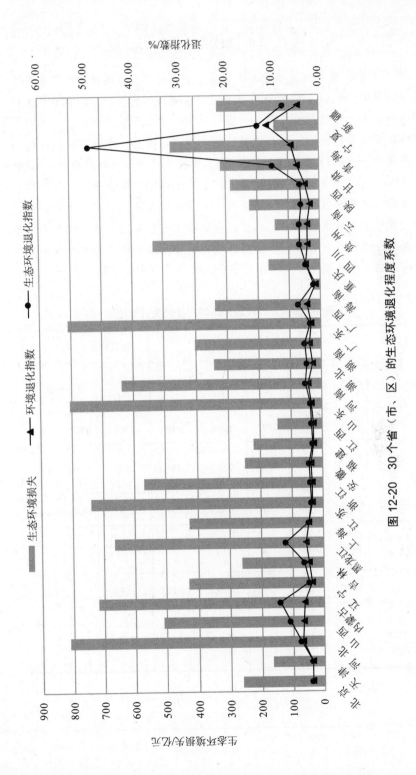

图 12-20 30个省（市、区）的生态环境退化程度系数

专栏12.4 相关研究结果对比

20多年来，关于我国环境污染和生态破坏经济损失的计量研究取得了一些成果（表1，表2），虽然这些研究在计算范围、内容、方法和信息支持上存在一些问题，但这些研究都在一定程度上告诉我们中国的环境污染和生态破坏经济损失是巨大的。综合比较这些研究可以看出，中国环境污染的不完全经济损失占当年GDP的2.1%~7.7%，中国生态破坏的经济损失占GDP的5%~13%，两者加和的生态环境损失占当年GDP的7%~20%。由于这些研究的内涵、方法和依据不尽相同，再加上不同程度的不完全计算和低估，造成了计算结果有较大的差异，尽管实际的损失可能要比这些数字更大，但这些数据已经清楚地告诉我们中国的环境污染和生态破坏严重，环境污染和生态破坏造成的经济损失巨大，在经济和环境决策中不容忽视。

表1 国内外有代表的环境污染损失计算结果

研究者	国内研究/亿元					国际研究/亿美元		
	过-张	郑易生	夏光	孙炳彦	石敏俊	东西方中心	世界银行	
年份	1983	1993	1992	1994	2005	1990	1997	2003
大气污染	124.0	346.0	578.9	903.3	2 357.4	151.0	197.0	171.4
水污染	156.6	495.6	356.0	652.9	2 234.8	118.5	39.0	162.4
其他污染	100.9	187.6	51.2	13.7	—	97.5	—	—
合计	381.6	1 029.2	986.1	1 569.9	4 592.2	367.0	236.0	333.8
相当于GDP的比例/%	6.75	3.16	4.04	5.8	2.5	2.17	3.4	2.5

表 2　有代表性的生态破坏损失计算结果

研究者	过-张	郑易生	国家环保总局	石敏俊
年份	1983	1993	1986	2005
森林	113.6	758	297.5	—
草地	2.2	580	38.1	—
耕地	263.3	864	239.9	912.3
水资源	18.5	248	—	—
不合理养殖损失	—	—	117.5	
农田沙化	—	—	87.8	487.9
盐碱化损失	—	—	23.2	
其他	—	—	5.5	—
自然灾害损失	—	—	22.0	71.3
水土流失损失	—	—	—	2 849
合计	497.6	2 450	831.4	4 320.5
相当于 GDP 的比例/%	8.9	7.52	8.09	2.4

附录 1   2004—2008 年核算结果比较

项 目			2004 年	2005 年	2006 年	2007 年	2008 年
实物量核算/ 万 t（废水的 计量单位为 亿 t）	水	废水	607.2	651.3	723.9	769.2	807.2
		COD	2 109.3	2 195	2 345	2 223	2 881
		氨氮	223.2	242.5	248.3	241.7	211.5
	大气	SO_2	2 450.2	2 568.5	2 680.6	2 434.3	2 323.5
		烟尘	1 095.5	1 182.5	1 088.8	986.6	901.6
		工业粉尘	905.1	911.2	808.4	698.7	584.9
		NO_x	1 646.6	1 937.1	2 173.2	2 374.6	2 494.1
	固废	一般工业固废	27 428.5	27 108.2	23 414.3	25 024.9	22 182.7
		危险废物	344.4	337.9	286.80	154.01	196.21
		生活垃圾	6 667.5	6 029.6	7 896.1	6 927.4	6 116.8
治理成本/ 亿元	实际治理 成本	废水	344.4	400.7	562.0	653.7	784.5
		废气	478.2	835	1 046.2	1 369.7	1 775.9
		固废	182.7	217.3	195.1	281.9	340.8
		合计	1 005.3	1 453	1 803.4	2 305.3	2 901.2
	虚拟治理 成本	废水	1 808.7	2 084	2 143.8	2 121.1	2 672.6
		废气	922.3	1 610.9	1 821.5	2 104.8	2 227.7
		固废	143.5	148.7	147.3	129.8	142.9
		合计	2 874.4	3 843.7	4 112.6	4 355.6	5 043.1
环境退化成本/ 亿元		水	2 862.8	2 836	3 387.0	3 595.1	4 105.0
		废气	2 198	2 869	3 051.0	3 616.7	4 725.6
		固废	6.5	29.6	29.6	65.1	63.6
		污染事故	50.9	53.4	40.2	57.2	53.3
		合计	5 118.2	5 787.9	6 507.7	7 334.1	8 947.6
国内生产总值/ 亿元		行业合计	159 878	183 084.8	210 871.0	249 529.8	300 670.0
		地区合计	167 587.2	197 789.1	231 053.3	275 624.6	327 219.8
污染扣减指数/%		行业合计	1.8	2.1	2.0	1.7	1.7
		地区合计	1.72	1.94	1.78	1.58	1.54
环境退化成本占地区合计 GDP 的比例/%			3.05	2.93	2.82	2.66	2.73

注：（1）本表实物量核算除一般工业固废和危险废物指贮存量和排放量之和外，其他均指排放量；
（2）由于 2005 年核算范围和核算基数有变化，本表 NO_x 和生活垃圾 2005 年核算结果与 2004 年不可比；
（3）表中治理成本、环境退化成本、国内生产总值采用当年价格；（4）2005 年核算范围、基数和口径与
2004 年相比有所变化，本表 2005 年和 2006 年分项治理成本和环境退化成本与 2004 年不可比；2006—
2008 年对种植业、农村生活废水与污染物排放的核算方法有调整，相关核算结果不可比。

附录2 2007 年各地区核算结果

地区	项目 地区生产总值/亿元	虚拟治理成本/亿元	污染扣减指数/%	环境退化成本/亿元	环境退化成本占GDP 的比例/%
北 京	9 353.3	55.4	0.59	200.0	2.14
天 津	5 050.4	43.8	0.87	120.0	2.38
河 北	13 709.5	275.7	2.01	521.0	3.80
辽 宁	11 023.5	199.4	1.81	306.1	2.78
上 海	12 188.9	58.0	0.48	328.1	2.69
江 苏	25 741.2	244.2	0.95	590.5	2.29
浙 江	18 780.4	173.3	0.92	410.4	2.19
福 建	9 249.1	93.6	1.01	178.3	1.93
山 东	25 965.9	371.1	1.43	475.5	1.83
广 东	31 084.4	276.2	0.89	670.2	2.16
海 南	1 223.3	18.2	1.49	16.5	1.35
小 计	163 369.9	1 809.0	1.11	3 816.5	2.34
占全国比例/%	59.3	41.5	—	52.4	—
山 西	5 733.4	175.3	3.06	179.5	3.13
吉 林	5 284.7	114.7	2.17	171.0	3.24
黑龙江	7 065.0	145.8	2.06	204.9	2.90
安 徽	7 364.2	131.1	1.78	263.6	3.58
江 西	5 500.3	101.5	1.85	152.1	2.77
河 南	15 012.5	290.7	1.94	468.2	3.12
湖 北	9 230.7	148.3	1.61	184.7	2.00
湖 南	9 200.0	188.0	2.04	258.9	2.81
小 计	64 390.6	1 295.5	2.01	1 883.0	2.92
占全国比例/%	23.4	29.7	—	25.9	—
内蒙古	6 091.1	144.9	2.38	190.1	3.12
广 西	5 955.7	227.4	3.82	159.8	2.68
重 庆	4 122.5	79.2	1.92	146.2	3.55
四 川	10 505.3	228.4	2.17	317.2	3.02
贵 州	2 741.9	76.4	2.78	84.0	3.06
云 南	4 741.3	97.0	2.05	127.0	2.68
西 藏	342.2	4.9	1.43	11.4	3.32
陕 西	5 465.8	136.0	2.49	195.2	3.57
甘 肃	2 702.4	73.0	2.70	128.1	4.74
青 海	783.6	39.3	5.01	64.8	8.27
宁 夏	889.2	49.6	5.57	81.3	9.14
新 疆	3 523.2	95.1	2.70	73.7	2.09
小 计	47 864.1	1 251.2	2.61	1 578.7	3.30
占全国比例/%	17.4	28.7	—	21.7	—
全 国	275 624.6	4 355.6	—	7 334.1	2.66

东部 — 北京 至 占全国比例
中部 — 山西 至 占全国比例
西部 — 内蒙古 至 占全国比例

注: 渔业事故经济损失没有分地区数据, 因此, 全国合计数大于各地区加和数。

附录 3 2008 年各地区核算结果

地区	项目	地区生产总值/亿元	虚拟治理成本/亿元	污染扣减指数/%	环境退化成本/亿元	环境退化指数/%
东部	北 京	10 488.0	50.6	0.48	257.2	2.45
	天 津	6 354.4	44.8	0.70	157.6	2.48
	河 北	16 188.6	286.6	1.77	736.2	4.55
	辽 宁	13 461.6	216.1	1.60	349.0	2.59
	上 海	13 698.2	64.3	0.47	420.8	3.07
	江 苏	30 312.6	279.3	0.92	686.7	2.27
	浙 江	21 486.9	195.9	0.91	500.8	2.33
	福 建	10 823.1	107.4	0.99	206.4	1.91
	山 东	31 072.1	468.0	1.51	700.1	2.25
	广 东	35 696.5	288.4	0.81	710.1	1.99
	海 南	1 459.2	22.5	1.54	16.2	1.11
	小 计	191 041.1	2 024.0	1.11	4 741.1	2.48
	占全国比例/%	58.4	40.1	—	53.3	—
中部	山 西	6 938.7	178.7	2.58	296.9	4.28
	吉 林	6 424.1	131.9	2.05	194.2	3.02
	黑龙江	8 310.0	166.6	2.01	309.0	3.72
	安 徽	8 874.2	157.0	1.77	224.9	2.53
	江 西	6 480.3	122.0	1.88	115.8	1.79
	河 南	18 407.8	332.2	1.80	531.2	2.89
	湖 北	11 330.4	176.0	1.55	212.1	1.87
	湖 南	11 156.6	235.7	2.11	279.6	2.51
	小 计	77 922.1	1 500.2	2.01	2 163.6	2.78
	占全国比例/%	23.8	29.7	—	24.3	—
西部	内蒙古	7 761.8	179.6	2.31	324.3	4.18
	广 西	7 171.6	286.3	3.99	208.7	2.91
	重 庆	5 096.7	93.6	1.84	159.4	3.13
	四 川	12 506.3	271.9	2.17	345.9	2.77
	贵 州	3 333.4	79.1	2.37	90.1	2.70
	云 南	5 700.1	126.4	2.22	117.4	2.06
	西 藏	395.9	8.4	2.12	10.4	2.64
	陕 西	6 851.3	144.1	2.10	211.2	3.08
	甘 肃	3 176.1	80.1	2.52	153.1	4.82
	青 海	961.5	62.5	6.50	58.7	6.11
	宁 夏	1 098.5	58.7	5.34	123.6	11.25
	新 疆	4 203.4	128.3	3.05	188.5	4.48
	小 计	58 256.6	1 519.0	2.61	1 991.3	3.42
	占全国比例/%	17.8	30.1	—	22.4	—
全国		327 219.8	5 043.1	—	8 947.5	2.73

注：渔业事故经济损失没有分地区数据，因此，全国合计数大于各地区加和数。

附录 4　术语解释

1．实物量核算

就环境主题来说，绿色国民经济核算包含两个层次：一是实物量核算，二是价值量核算。所谓实物量核算，是在国民经济核算框架基础上，运用实物单位（物理量单位）建立不同层次的实物量账户，描述与经济活动对应的各类污染物的产生量、去除量（处理量）、排放量等。

2．价值量核算

价值量核算是在实物量核算的基础上，估算各种环境污染和生态破坏造成的货币价值损失。环境污染价值量核算包括污染物虚拟治理成本和环境退化成本核算，分别采用治理成本法和污染损失法。主要包括以下方面：各地区的水污染、大气污染、工业固体废物污染、城市生活垃圾污染和污染事故经济损失核算；各部门的水污染、大气污染、工业固体废物污染和污染事故经济损失核算。

3．治理成本法

污染治理成本法与污染损失法是计算环境价值量的两种方法。在SEEA 框架中，治理成本法主要是指基于成本的估价方法，从"防护"的角度，计算为避免环境污染所支付的成本。污染治理成本法核算虚拟治理成本的思路相对简单，即如果所有污染物都得到治理，则环境退化不会发生，因此，已经发生的环境退化的经济价值应为治理所有污染物所需的成本。污染治理成本法的特点在于其价值核算过程的简洁、容易理解和较强的实际操作性。污染治理成本法核算的环境价值包括两部分，一是环境污染实际治理成本，二是环境污染虚拟治理成本。

4．污染损失法

在 SEEA 框架中，污染损失法是指基于损害的环境价值评估方法。这种方法借助一定的技术手段和污染损失调查，计算环境污染所带来的种种损害，如对农产品产量和人体健康等的影响，采用一定的定价技术，进行污染经济损失评估。目前定价方法主要有人力资本法、

129

旅行费用法、支付意愿法等。与治理成本法相比，基于损害的估价方法（污染损失法）更具合理性，体现了污染的危害性。

5．实际治理成本

污染实际治理成本是指目前已经发生的治理成本，包括污染治理过程中的固定资产折旧、药剂费、人工费、电费等运行费用。

6．虚拟治理成本

虚拟治理成本是指目前排放到环境中的污染物按照现行的治理技术和水平全部治理所需要的支出。虚拟治理成本不同于环境污染治理投资，是当年环境保护支出（运行费用）的概念，可以从 GDP 中扣减，采用治理成本法计算获得。

7．环境退化成本

通过污染损失法核算的环境退化价值称为环境退化成本，它是指在目前的治理水平下，生产和消费过程中所排放的污染物对环境功能、人体健康、作物产量等造成的种种损害。环境退化成本又被称为污染损失成本。

8．绿色国民经济核算

绿色国民经济核算，通常所说的绿色 GDP 核算，包括资源核算和环境核算，旨在以原有国民经济核算体系为基础，将资源环境因素纳入其中，通过核算描述资源环境与经济之间的关系，提供系统的核算数据，为可持续发展的分析、决策和评价提供依据。

9．绿色国民经济核算体系/资源环境经济核算体系/综合环境经济核算体系

绿色国民经济核算体系，又称资源环境经济核算体系、综合环境经济核算体系，是关于绿色国民经济核算的一整套理论方法。为了把环境因素并入经济分析，联合国在 SNA-1993 中心框架基础上建立了综合环境经济核算体系（Integrated Environmental and Economic Accounting，SEEA）作为 SNA 的附属账户（又称卫星账户），1993年公布了 SEEA 临时版本，2000 年公布了 SEEA 操作手册，目前 SEEA-2003 版本也已正式公布。随后，UNSD 相继发布了 SEEA-2008

和 SEEA-2012 版本。

10．环境污染核算

环境污染核算是绿色国民经济核算的一部分。绿色国民经济核算包括自然资源核算与环境核算，其中环境核算又包括环境污染核算和生态破坏核算。环境污染核算，主要包括废水、废气和固体废物污染的实物量核算与价值量核算。

11．经环境污染调整的 GDP 核算

经环境调整的 GDP 核算，就是把经济活动的环境成本，包括环境退化成本和生态破坏成本从 GDP 中予以扣除，并进行调整，从而得出一组以"经环境调整的国内产出"（Environmentally Adjusted Domestic Product，EDP）为中心指标的核算。

12．绿色 GDP

联合国统计署正式出版的《综合环境经济核算手册（SEEA）》首次正式提出了"绿色 GDP"的概念。在理论上，绿色 GDP＝GDP－固定资产折旧－资源环境成本＝NDP－资源环境成本，其中 NDP 是国内生产净值。在本研究中，考虑到在实际应用方面，GDP 远比 NDP 更为普及，因此采用了绿色 GDP 与 GDP 相对应的总值概念，即绿色 GDP＝GDP－环境成本－资源消耗成本。简单地说，绿色 GDP 就是传统 GDP 扣减资源消耗成本和环境损失成本调整后的 GDP。

致　谢

　　本报告由环境保护部环境规划院牵头完成，由《中国环境经济核算研究报告 2005》和《中国环境经济核算研究报告 2006》组合而成。相关数据主要由中国环境监测总站和国家统计局提供，《中国绿色国民经济核算体系》研究单位还包括清华大学环境学院、中国人民大学和环境保护部环境与经济政策研究中心。

　　感谢中国科学院牛文元教授、环境保护部金鉴明院士、世界银行高级环境专家谢剑博士、世界银行驻中国代表处 Andres Liebenthal 主任、联合国环境署盛馥来博士、北京大学雷明教授、挪威经济研究中心（ECON）Hakkon Vennemo 研究员、美国哥伦比亚大学 Perter Bartelmus 教授、加拿大阿尔伯特大学 Mark Anielski 教授、意大利 FEEM 研究中心 Giorgio Vicini 研究员等专家对中国绿色国民经济核算方法体系提出的真知灼见。

　　感谢全国人大环境与资源保护委员会、全国政协人口资源环境委员会、环境保护部对外环境保护经济合作中心、国家统计局工业交通统计司、国家统计局社会科技统计司、水利部水利水电规划设计总院、卫生部疾病预防控制中心等单位对中国环境经济核算研究提供的帮助；感谢财政部、科技部和世界银行意大利信托资金对中国绿色国民经济核算研究给予的资金和项目支持。

　　感谢对中国绿色国民经济核算研究曾经给予关心、指导和帮助的所有人！